下

别墅空间营造

大师作品集

杨锋 编

CREATION OF

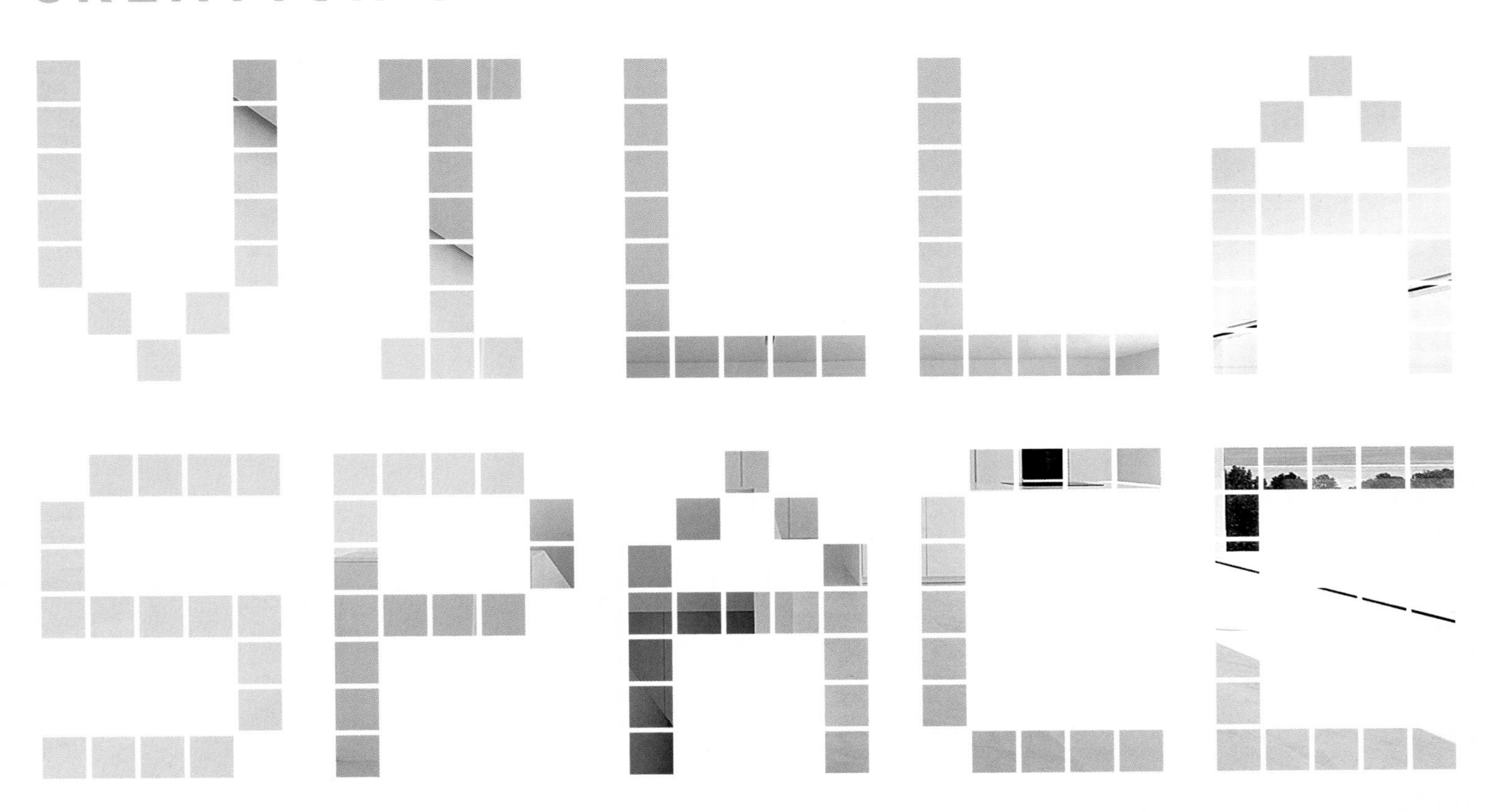

COLLECTION OF MASTERS

江苏凤凰科学技术出版社
南京

图书在版编目（CIP）数据

别墅空间营造大师作品集 / 杨锋编 . — 南京 : 江苏凤凰科学技术出版社 , 2021.9
ISBN 978-7-5713-1957-1

Ⅰ . ①别… Ⅱ . ①杨… Ⅲ . ①别墅 – 室内装饰设计 – 作品集 – 世界 – 现代 Ⅳ . ① TU241.1

中国版本图书馆 CIP 数据核字 (2021) 第 102977 号

别墅空间营造大师作品集

编　　者　杨锋
项目策划　凤凰空间 · 深圳
责任编辑　赵研　刘屹立
特约编辑　张爱萍　蔡伟华

出版发行　江苏凤凰科学技术出版社
出版社地址　南京市湖南路 1 号 A 楼，邮编：210009
出版社网址　http：//www.pspress.cn
总　经　销　天津凤凰空间文化传媒有限公司
总经销网址　http：//www.ifengspace.cn
印　　刷　北京博海升彩色印刷有限公司

开　　本　965mm × 1330mm　1/16
印　　张　39
字　　数　628 000
版　　次　2021 年 10 月第 1 版
印　　次　2021 年 10 月第 1 次印刷

标准书号　ISBN 978-7- 5713-1957-1
定　　价　796.00 元（精）（上、下册）

PREFACE 序

美是抽象的，不能触摸，没有标准，没有定义，美只是一种感觉，接触后产生喜悦之情，令人开怀。不同背景、不同时段、不同环境下，美态、美景、美物都有不同的呈现，不同的姿态有不同的美。寻找美是人的天性，而美是向善的、美好的，美好的追求主导着生活，美好生活又是每个人的目标和理想。

家是美好生活的必需品。无论单身贵族、新婚夫妇、三口之家，还是三代同堂、大宅豪门都需要居住在室内空间，都需要建立成“家”。而家的组成是人，群体在空间内活动，满足起居、作息的需求是家最主要的功能，生活在家中就等于有一个依靠、一个聚点、一个保障，家是美好生活的核心，家是自己和家人最熟悉和放松的地方。

人们一向对“家”都很注重，希望在这里能够很舒适地生活，而每个人也按自己的能力和定位去建立自己“家”的环境，其中独立住宅更具有私密性，是高层次的住房方式，也是非常讲求美的空间。豪华的独立住宅也称为别墅，大多数的别墅除了室内空间以外，也会有室外的活动空间，在这里你可以感受大自然的气息，使生活多样化。一般别墅都是个性化、独特化的，讲究外形之余也讲究内部细节，能满足人们追求美好生活质量的期望。古今中外，千变万化的别墅层出不穷，设计者和业主往往花费了很多时间和心思去打造，对创造美有不同的方法和技巧，很值得我们去观摩及欣赏。

P A L DESIGN GROUP
梁景华　博士

CONTENTS 目录

山地别墅

TROUSDALE VILLA 特劳斯代尔别墅 ………… 008
ORUM RESIDENCE 奥鲁姆住宅 ………… 026
HILLSIDE HOUSE 山坡上的房子 ………… 038
TRAMONTO RESIDENCE 特拉蒙托住宅 ………… 054
BENEDICT CANYON VILLA 本尼迪克特峡谷别墅 ………… 072
COURBE VILLA 库尔贝别墅 ………… 084
BEVERLY HILLS ESTATE VILLA 比佛利山庄别墅 ………… 102
FMB VILLA FMB 别墅 ………… 114
PORTOLA VALLEY HOUSE 波托拉谷之家 ………… 126

滨水别墅

BEYOND VILLA 卓越别墅…………138

DILIDO VILLA 迪利多别墅…………150

ULUWATU HOUSE 乌鲁瓦图住宅…………160

NOYACK BAY HOUSE 诺亚克湾别墅…………170

HOUSE OF SAND 沙丘之家…………182

CLIFTON 301 RESIDENTIAL 克利夫顿 301 住宅…………196

CHEETAH PLAINS LODGE 猎豹平原小屋…………204

FIDJI VILLA 菲吉别墅…………216

SANTIBURI THE RESIDENCES 桑提布利住宅…………226

TWISTED HOUSE 扭曲的房子…………244

BAAN ISSARA BANGNA 班·伊萨拉邦纳…………258

DOLORES RESIDENCE 多洛雷斯住宅…………274

REYHANI VILLA 雷哈尼别墅…………288

MARBLE VILLA 大理石别墅…………298

城郊别墅

CREATION OF
VILLA SPACE

别墅

TROUSDALE VILLA

特劳斯代尔别墅

项目概况

访客抵达这座山顶别墅时，第一眼将看到由知名雕塑家创作的大理石雕塑"小夜曲"——它是业主亲自挑选的，由于业主对于艺术的热忱使得该项目的合作十分愉快。本案的室内设计则由 McCormick and Wright 事务所完成，别墅空间设计在细节上充满了趣味和创意，它彰显出业主的独特品位，而并非对于时尚的迎合。

Architect: Whipple Russell Architects
Location: California, United States
Area: 929 m^2
Photographer: Jason Speth

设计者：惠普尔·罗素建筑师事务所
项目位置：美国加利福尼亚
项目面积：929 平方米
摄影师：杰森·斯佩思

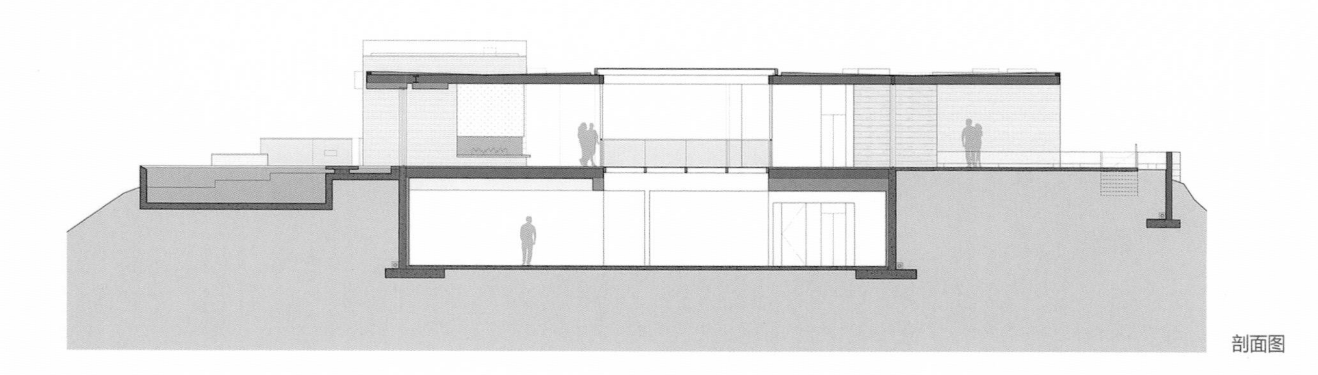

剖面图

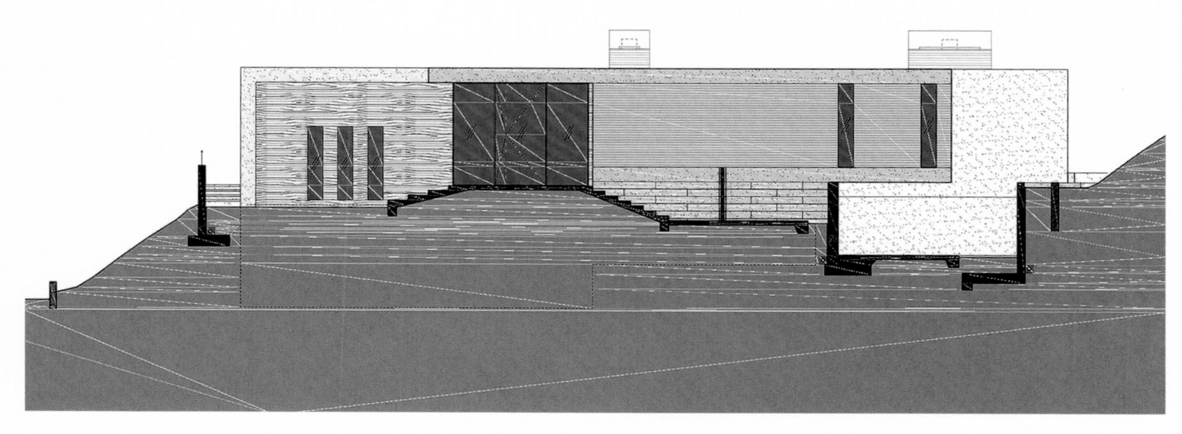

立面图

别墅造型以 V 形向景观敞开，离别墅稍远一点的地方设有一个巨大的火坑和固定在场地中的环形座椅，可以在朋友们聚会时使用。后院的空间并不很大，因此细节部分就成了设计的重点。座位、水池、SPA 和烹饪等功能空间从外部看时连成一个整体。分隔 SPA 区和泳池区的亚克力板、水上的平台步道以及精心设置的照明共同为户外生活赋予格调和乐趣。设计师希望在狭小的空间中通过精致的细节为业主和访客带来更多的乐趣。

建筑师在建筑立面设计上采用了粗糙的深灰色层压板岩与白色灰泥边框，两者之间形成强烈的对比。室内主要交通区域采用全玻璃的枢轴旋转门迎接人们来到美国西海岸的当代生活空间——别墅大堂，远处的优美山景尽收眼底。穿过大厅，走下几级台阶，便到达了装有竖向带状窗户的更衣室。

别墅空间是以天窗为中心的开放式体量，这是对于传统庭院的现代诠释：地下室的所有房间都是通过下沉庭院的方式打开的，从而将地下阴暗的空间变成一个充满阳光和景色的“反地下室”。从大堂旁的台阶下去是带有嵌入式酒吧柜的阅读休闲区，该空间完全向中央庭院敞开，并与家庭办公室相连。房子的后方以玻璃立面围合，为起居空间带来了朝向游泳池和远处比佛利山的全景视野，在打开窗户时则可以直接漫步至泳池和户外休闲区域。

Van Gogh
Modern Art

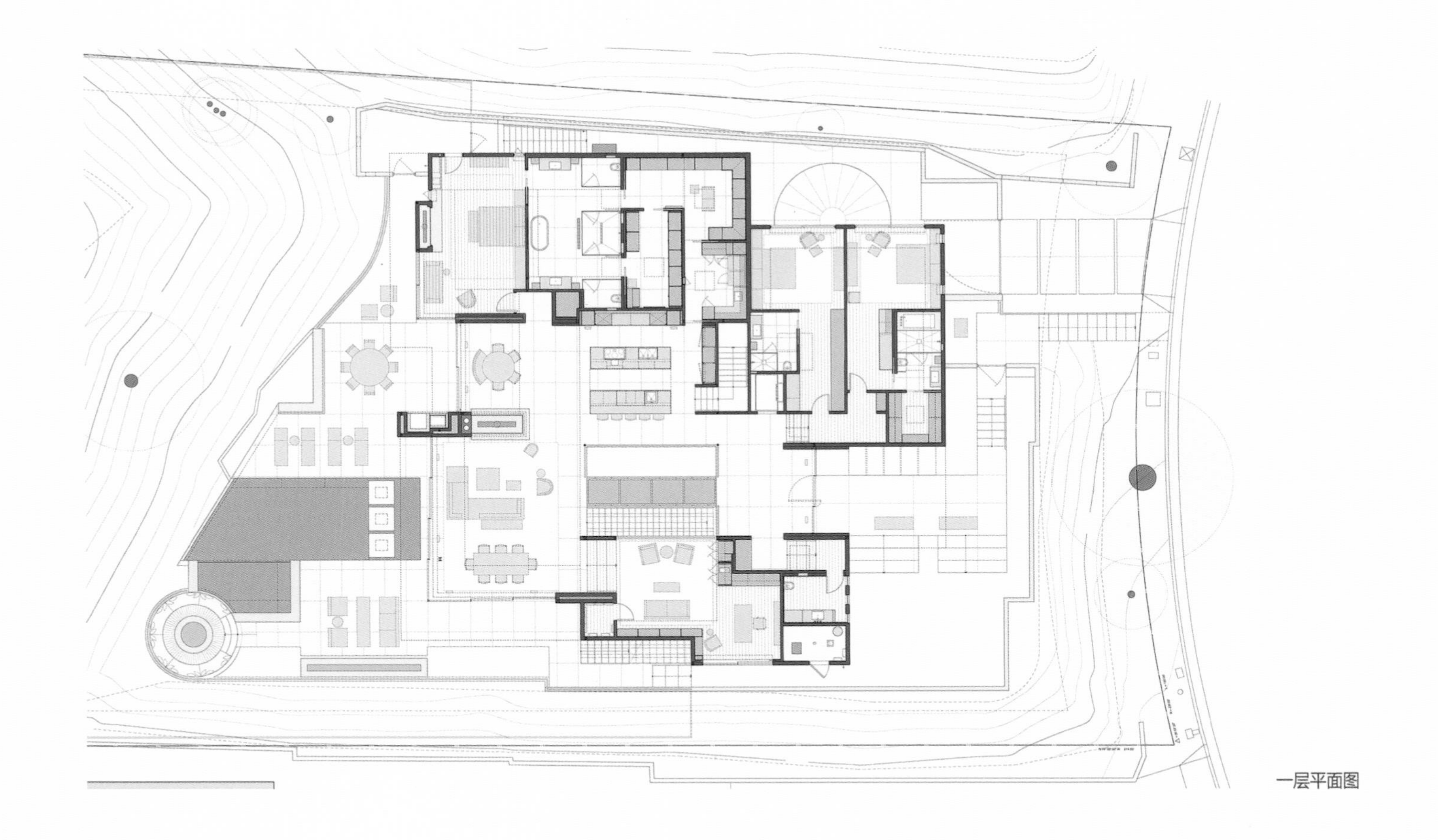

一层平面图

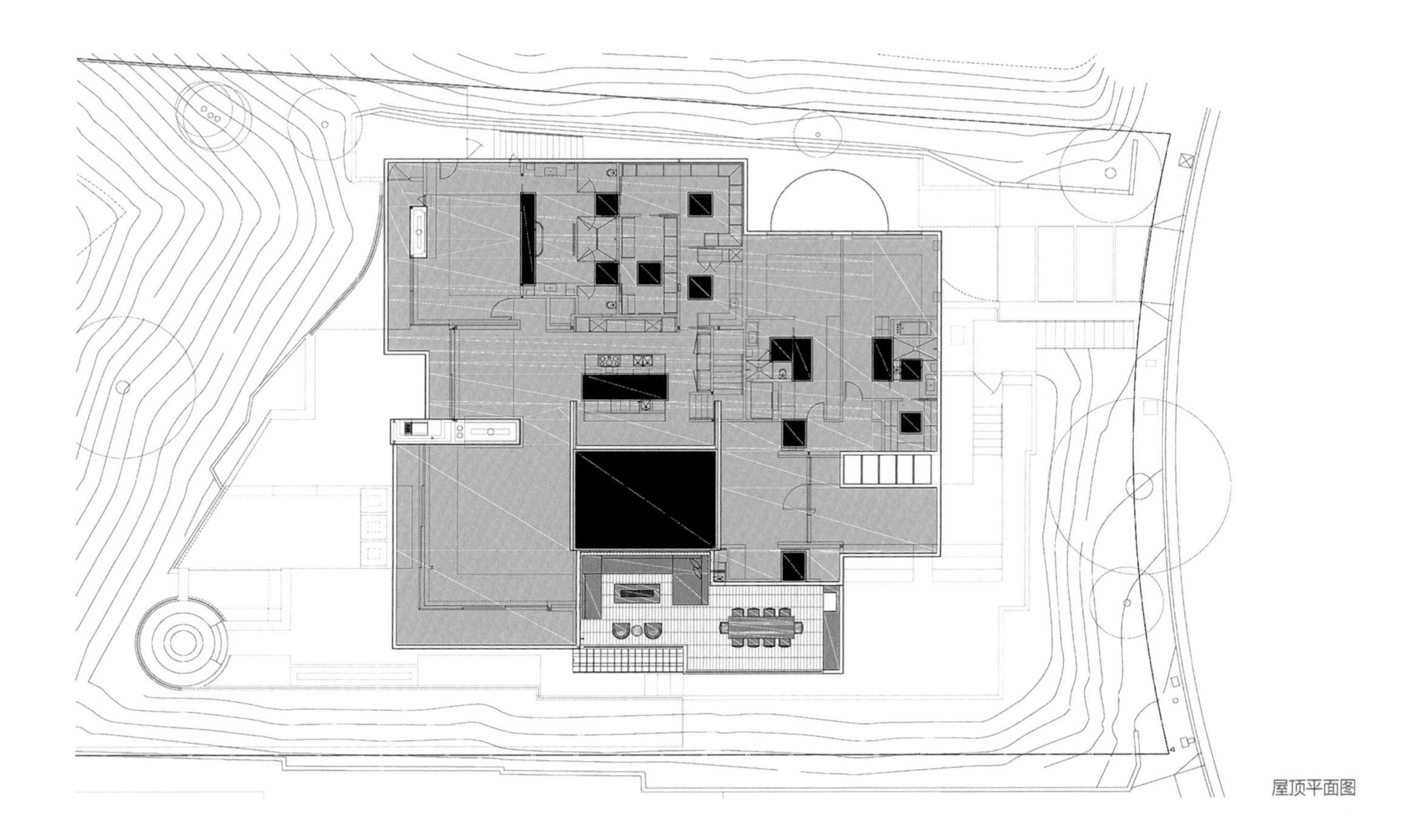

屋顶平面图

光线通透的中庭周围设置有厨房、客厅和餐厅。客厅和餐厅由三面壁炉隔开。壁炉采用与住宅立面相同的层压石板，延伸至天井外。客厅休息区有四张羊驼皮旋转躺椅，中间是一张点缀以金色云母的 Brueton 黑色大理石茶几，壁炉旁边是一张小酒桌。这个神奇的中心空间从视觉上连接着房屋的不同轴线，指引着居住者的方向。业主希望在这座 929 平方米的住宅里过上“小生活”。在这所房子里，可以在家庭影院旁边的楼梯上看到前门的来访者，练习高尔夫时，可以和几步远的厨房里的家人聊天，这个强大的中心空间加强了家人间的联系。这一策略对最终的设计起到了决定性的指导作用，得到了业主的赞赏和喜爱。

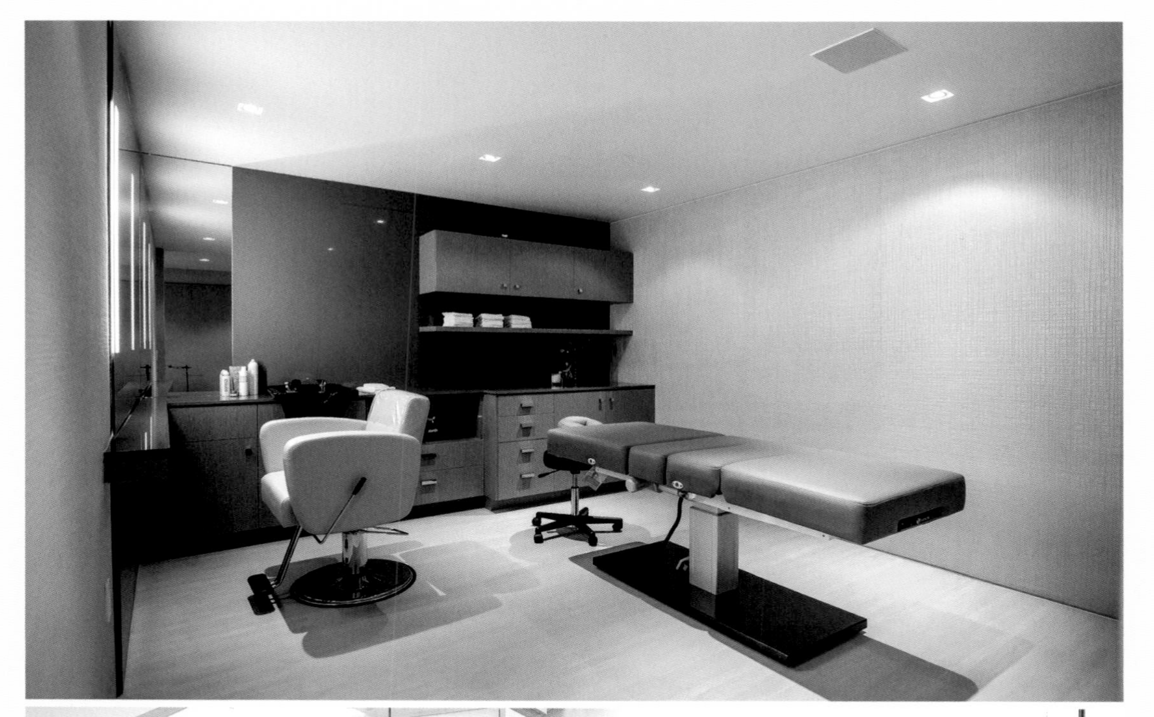

楼下的庭院由天窗照亮，并配有休息室和酒室。周围的房间包括设备齐全的健身房和设备室、带按摩床的沙龙、带蒸汽淋浴的浴室、模拟高尔夫球场和带装饰地毯的家庭影院。这是一座高科技住宅，家庭影院不仅配备了最先进的投影和音响设备，而且在停车场还配备了一个转盘，可以识别每辆车，并将其旋转到预设的角度，方便开车出门。

主卧室向游泳池和庭院开放，床头上方是 James Nares 的画作，床头板来自 Holly Hunt。定制的床头柜来自 Ironies，7.62 厘米厚的树脂表面形成湖泊色水面效果。床头柜正面采用碳灰色树脂材质，并配以褶皱纹路，天花板和地板都是用木制的。

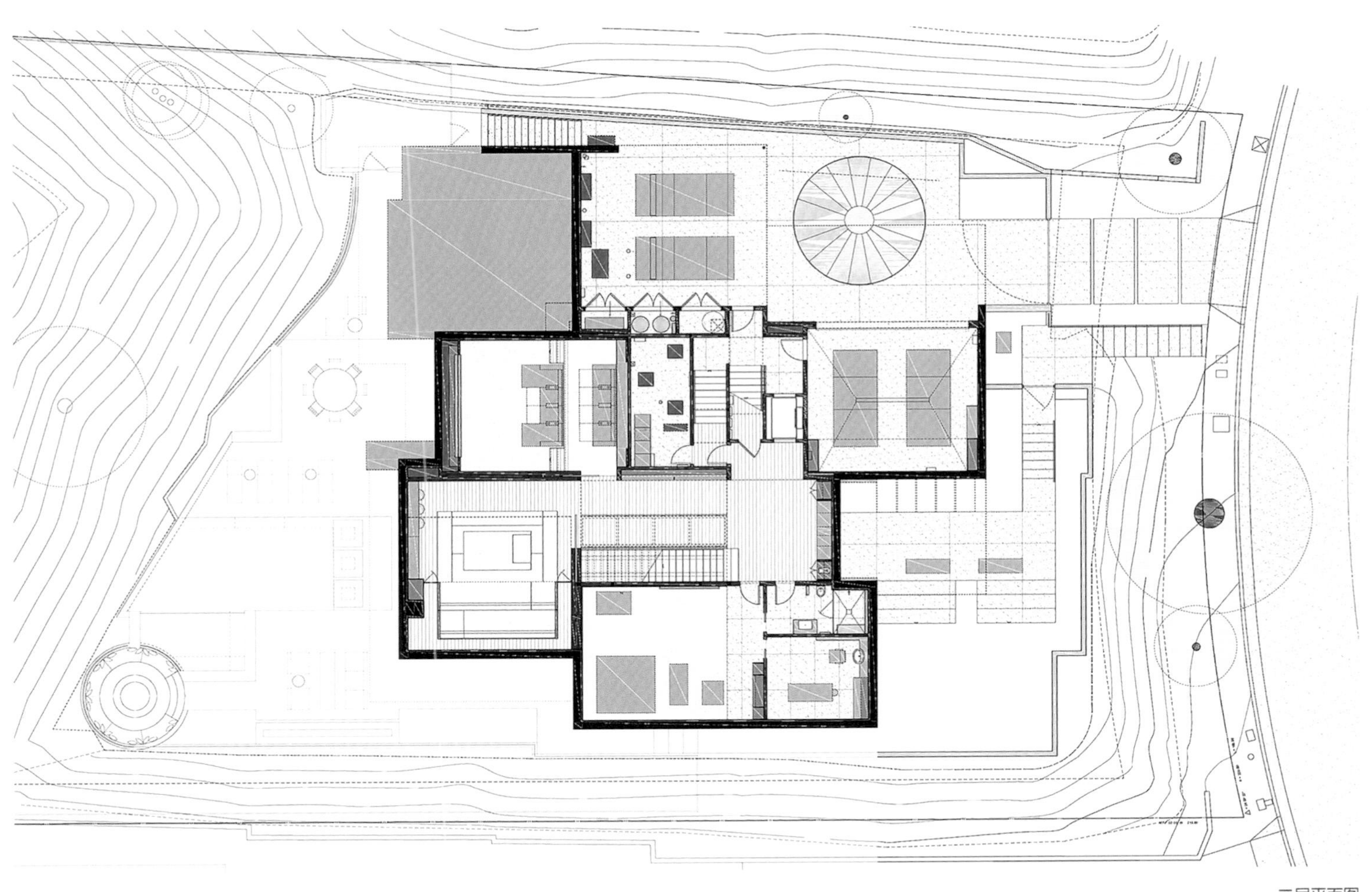

二层平面图

ORUM RESIDENCE

奥鲁姆住宅

项目概况

奥鲁姆住宅坐落在贝莱尔山顶上，是一个三层现代奢华别墅，设计创意旨在让建筑巧妙地“悬浮”在山顶，俯瞰贝莱尔山的美丽风光。由于项目位于成熟社区上方的显著位置，房屋设计的动机是创造一个既可以融入周围环境又可以使视野最大化的别墅。这座三层楼的建筑是三翼螺旋桨的形状，整座建筑包裹在玻璃中，将洛杉矶盆地尽收眼底，从盖蒂中心到长滩、世纪城和市区。

Architect: SPF: architects
Location: Los Angeles, United States
Area: 1 746.6 m^2
Photographer: Matthew Momberger

设计者：SPF 建筑师事务所
项目位置：美国洛杉矶
项目面积：1 746.6 平方米
摄影师：马修 · 蒙伯格

SPF 建筑师事务所创始人兼设计负责人佐坦 · E. 帕里（Zoltan E. Pali）说，业主希望可以在这间豪华别墅举办大型社交活动和款待来访宾客，达到宾至如归的效果。基于业主的要求，别墅在空间布置上就要使不同区域之间既私密又连通。 设计师的策略是不同空间分别布置在从别墅中枢辐射出的三片“螺旋桨”上。

SPF 建筑师事务所创始人兼创意总监朱迪 · M. 费克特（Judit M. Fekete）介绍：“此处欣赏洛杉矶的夜景非常美妙，能同时感受到繁华与安定，因为该场地位于城市附近较高的山丘上，在视野上几乎没有障碍，因此，我们在设计这座别墅时也很好地利用了该环境的双重性特质。”

别墅大量采用巨大的玻璃面板，这为住户提供了感受周围自然环境以及四季变化的窗口。覆盖别墅表面的玻璃幕墙是高度精密的系统，该玻璃幕墙系统有四个不同的透明度（反光、不透明、半透明和透明）和五个不同尺寸作为别墅立面使用，使建筑内外部结构接近一体化，不同的透明度和尺寸在外观上产生视觉移动的效果，给人闪烁、安静的视觉感受。

别墅的整体造型中，五层高的建筑像是一个巨大螺旋桨镶入山丘一般，负一层至负三层嵌入山体，一层和二层露出山体，每个“螺旋桨翼”都由三层组成。别墅一层是入口和公共空间，供聚会用；二层是专用于业主生活和居住的私人空间。西南和东南的“螺旋桨翼”分别设有业主的套房和小业主套房，这两个套房都有着纤细的外形，可以 270°地纵享贝莱尔的城市和海洋风光。北面的“螺旋桨翼”内有两间较小的卧室，被周围的山坡和后花园所包围，给人一种类似于“树屋”的另类体验。

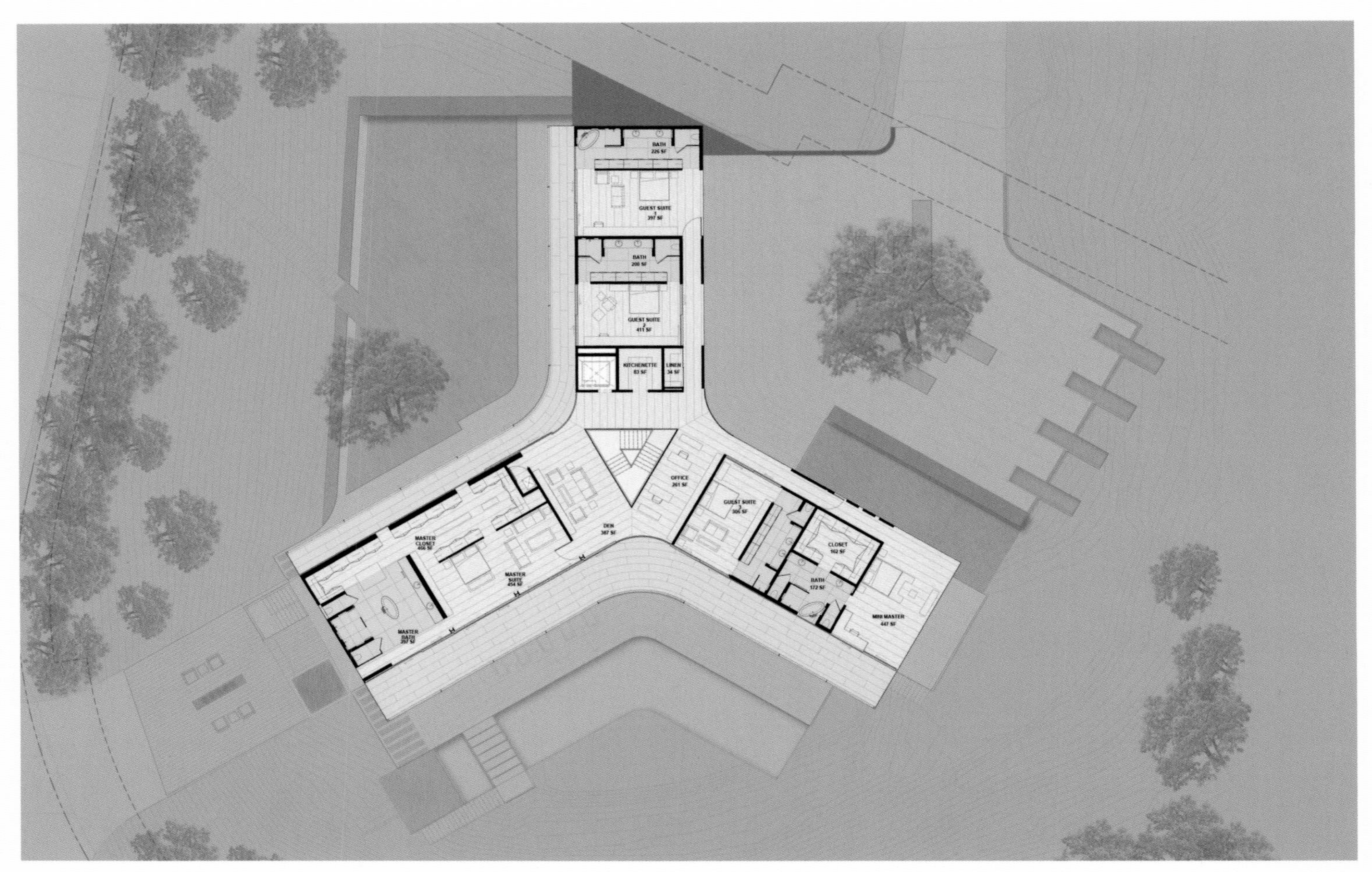
BATH
226 SF
GUEST SUITE
1
397 SF
BATH
200 SF
GUEST SUITE
2
411 SF
KITCHENETTE
83 SF
LINEN
34 SF
OFFICE
261 SF
DEN
387 SF
MASTER
CLOSET
466 SF
MASTER
SUITE
454 SF
MASTER
BATH
297 SF
GUEST SUITE
3
306 SF
CLOSET
162 SF
BATH
172 SF
MIH MASTER
447 SF

二层平面图

STORAGE
156 SF
POWDER
57 SF
BREEZEWAY
72 SF
GARAGE
957 SF
POWDER
65 SF
PANTRY
45 SF
POWDER
43 SF
DINING
371 SF
ENTRY
409 SF
LIVING ROOM
557 SF
BUTLER'S
PANTRY
284 SF
KITCHEN
159 SF
BREAKFAST
196 SF

一层平面图

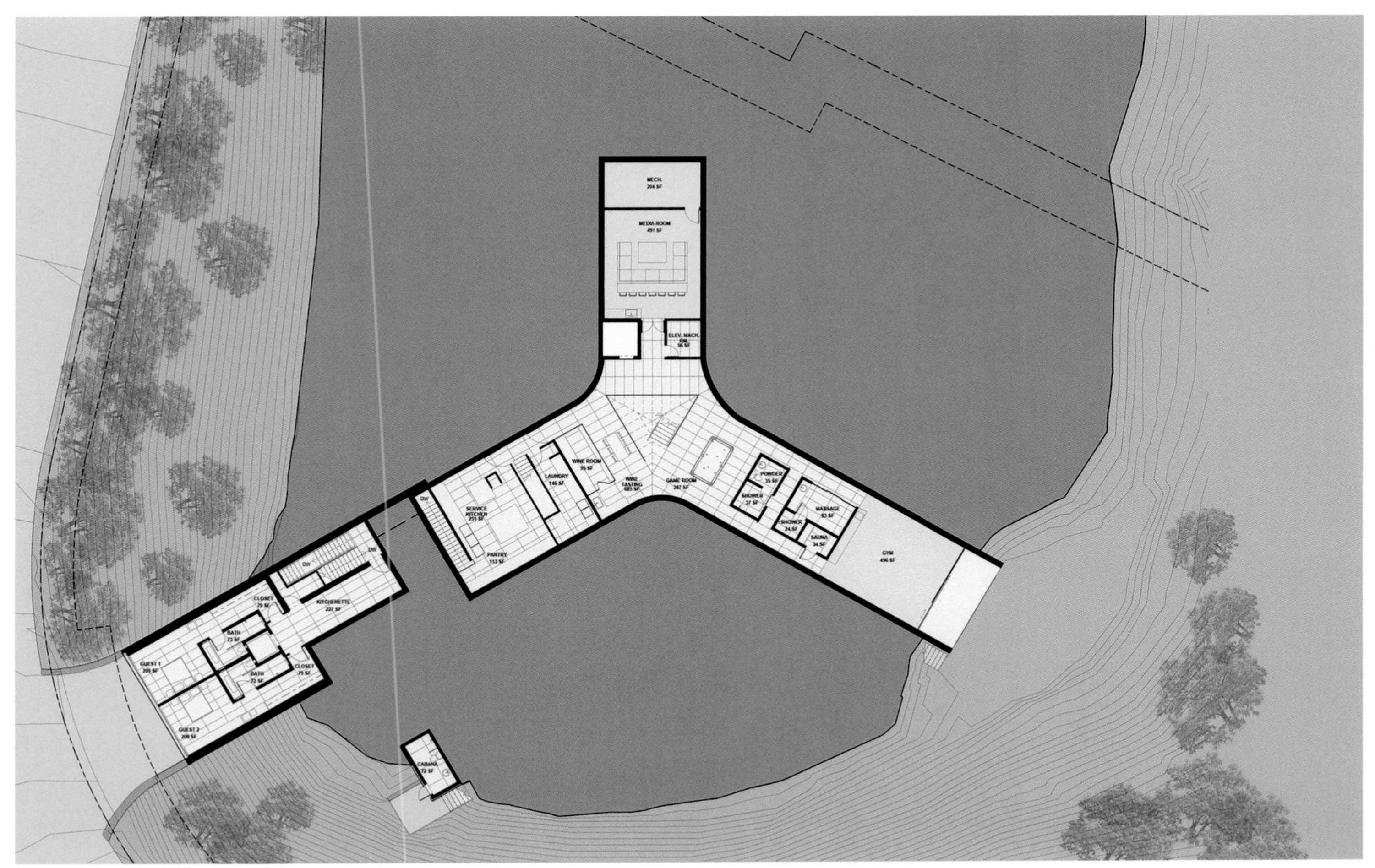

屋顶平面图

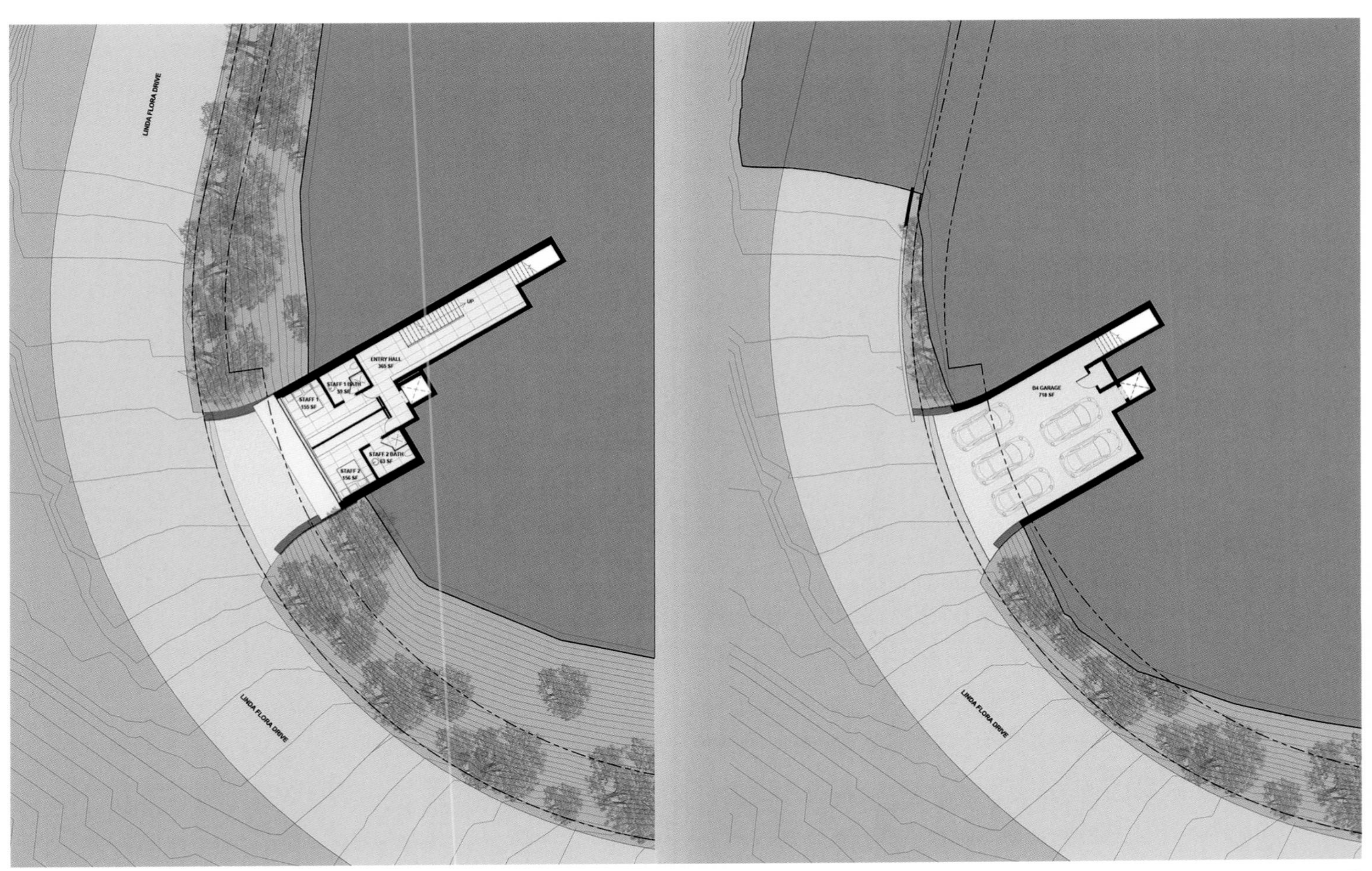

负一层平面图

负二层平面图

别墅户外设有一间厨房，两个火坑和一个带 LED 照明的游泳池。屋顶、主卧阳台和硬质景观的雨水都被引到一个容量 31 822 升的地下水池中，用于景观灌溉。主车库也可作为活动空间，并且可以从两侧打开以欣赏外部风景。

地下一层已配备了家庭影院、健身房、水疗中心、雪松桑拿房、服务厨房和足以容纳 1 000 瓶酒的葡萄酒室。此楼层连通着一个小宾馆，配备有四间卧室、四个浴室和一个小厨房，以及小宾馆专用的通道和车库。

该项目是一栋高度定制的豪华别墅，工程错综复杂，耗时四年才完成。

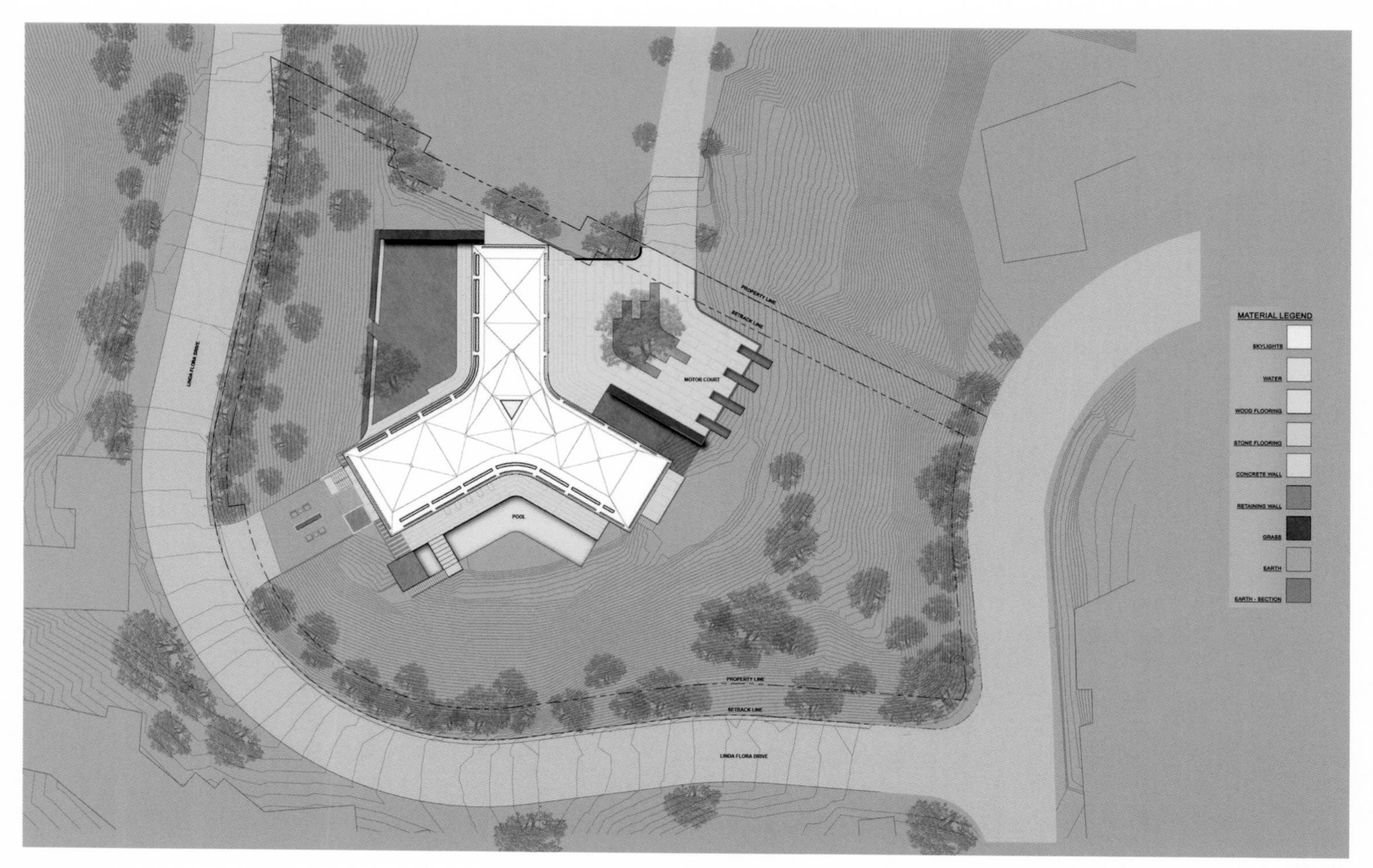
MATERIAL LEGEND
SKYLIGHTS
WATER
WOOD FLOORING
STONE FLOORING
CONCRETE WALL
RETAINING WALL
GRASS
EARTH
EARTH - SECTION
MOTOR COURT
POOL
PROPERTY LINE
LINDA FLORA DRIVE

总平面图

HILLSIDE HOUSE

山坡上的房子

项目概况

该项目位于紧靠洛杉矶日落大道的海角上。占地 1 687 平方米，可 300°欣赏到洛杉矶天际线和下方城市盆地的风景，其设计理念是打造一个独立的绿洲，而不是一个普通别墅。“坡地别墅”以清晰的平面布局形式从顶层向下推进，为建筑创建了丰富的内部居住空间，使建筑与周围标志性轮廓产生对话，和周边环境形成戏剧性的联系。

Architect: SAOTA
Location: Los angeles, United States
Area: 1 687 m^2
Photographer: Adam Letch

设计者：SAOTA 建筑事务所
项目位置：美国洛杉矶
项目面积：1 687 平方米
摄影师：亚当·莱奇

项目凸出的屋檐和拱腹创造了“第五立面”，营造出一种独特的效果，因为别墅周边环绕着丰富的景观资源，设计者通过控制实心墙的位置和大量使用玻璃材料，以最大化地发掘出场地景观的价值。SAOTA 建筑事务所通过飘浮、重叠的楼层和屋顶板定义了特定的视觉轴线，而不是通过实体墙或外部结构来定义建筑。从下往上延伸的坡道形成了一个独特的入口，坡道直通到一个带顶部照明的中庭，该中庭通向一个可容纳 12 辆汽车的地下车库，接着进入一个有室内瀑布的庭院，然后通过楼梯进入别墅大堂，大堂视野开阔，能看到洛杉矶市中心全景，令人赞叹。

8408 HILLSIDE AVE

负一层平面图

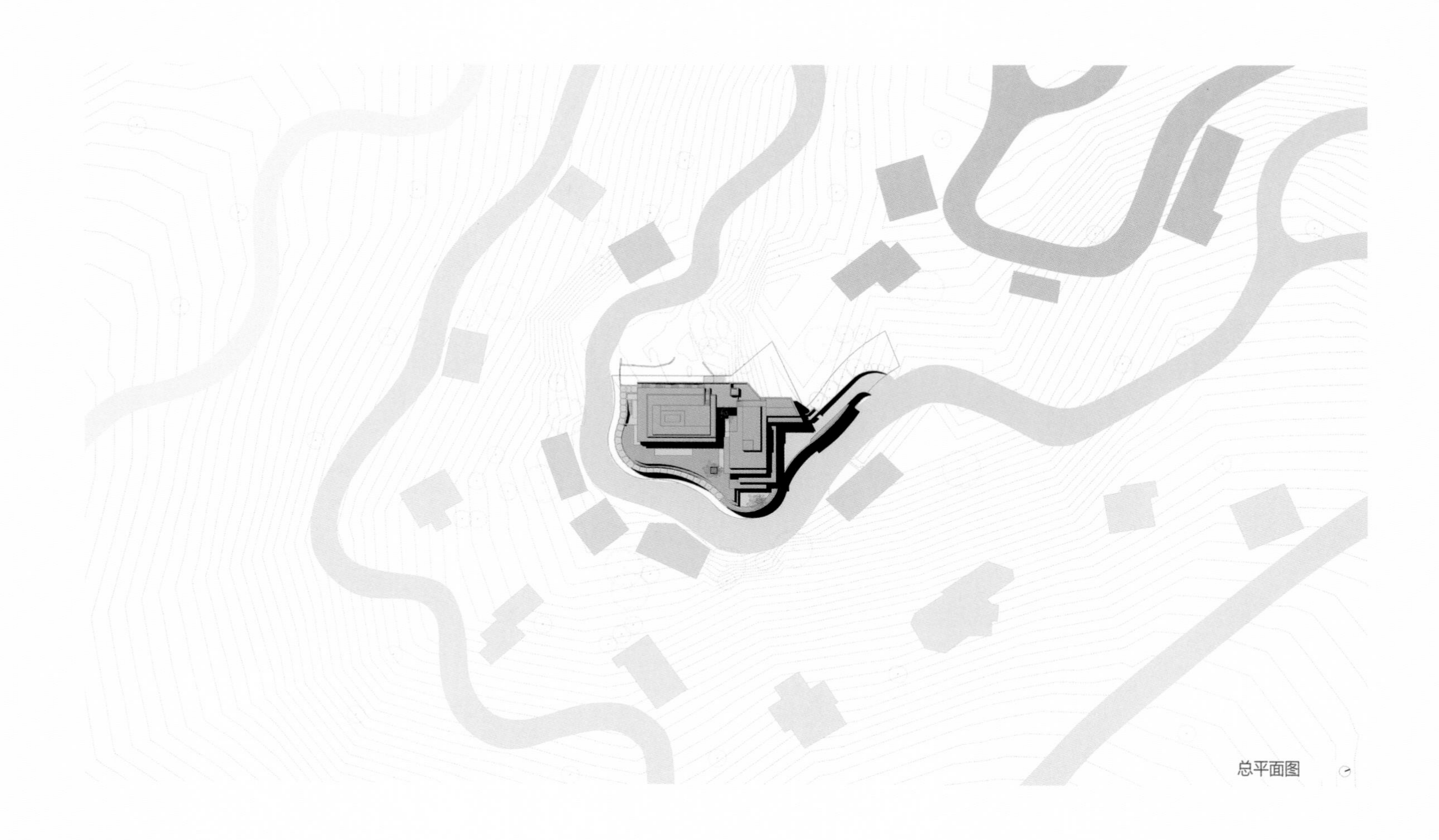
总平面图

项目围绕着焦点视线排列，形成了两个“翅膀”，一个朝东西方向，另一个朝南北方向。 因为没有大型实体墙，大部分内部结构都很开放，通过垂直和体积变化进行了铰接，使布局更合理化。钢柱的铰接以及地板和墙壁上木材和沙岩石材的使用都引用了现代主义建筑技术，这些材料也广泛地被应用到别墅内部和外部细节中。一些标志性材料被反复使用，例如屋顶上的切口和内部天花板，以增加空间的趣味性。

东立面图

A—A 剖面图

北立面图

南立面图

Irving Penn
Peter
Lindbergh

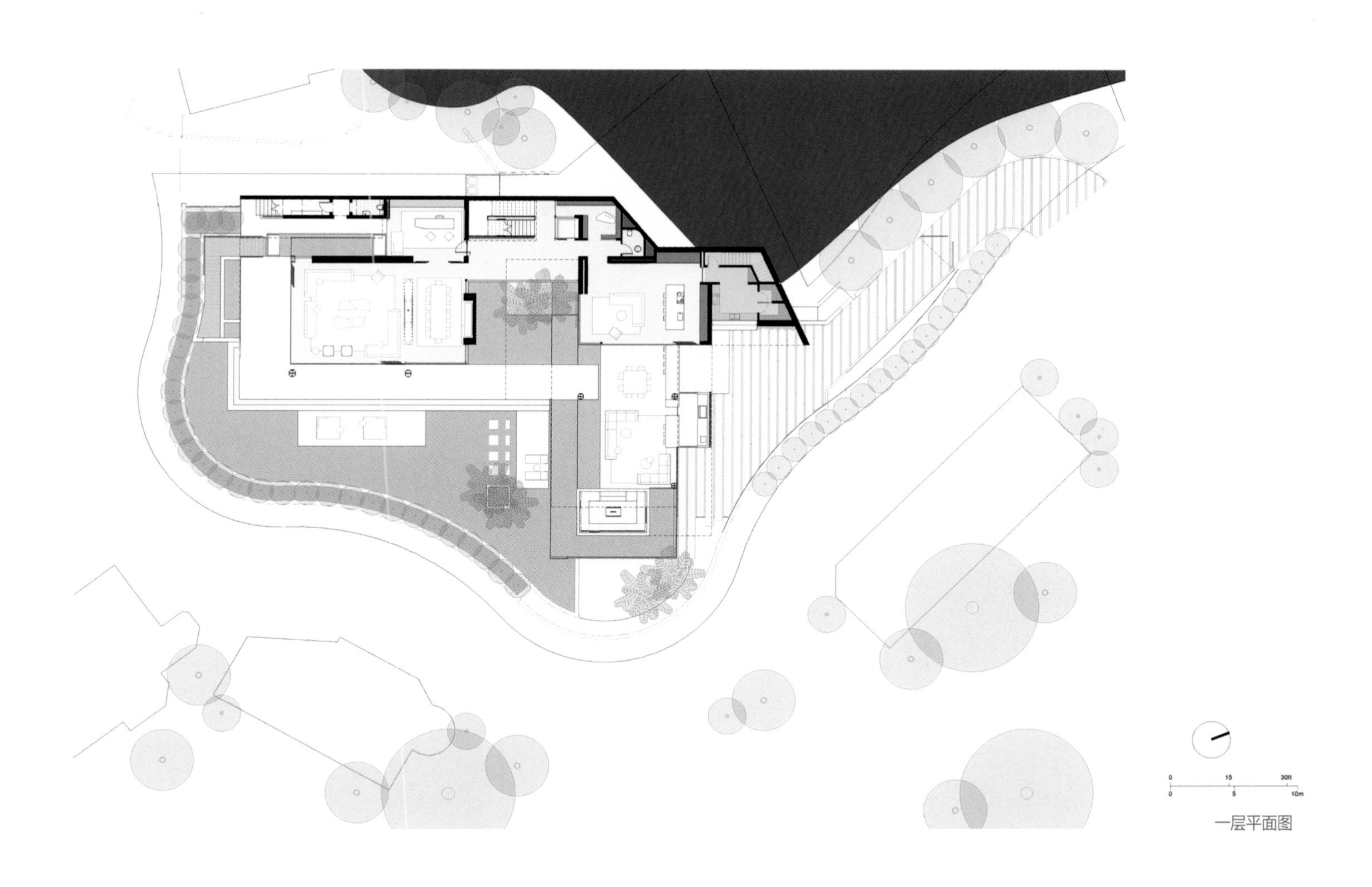

一层平面图

SAOTA 建筑事务所开普敦总部对开发设计无缝衔接室内与室外的开放式生活空间有着丰富的经验，南非的地中海气候和地形与洛杉矶非常相似，因此设计师为该别墅构建了一系列客厅，这些客厅与宽广的户外露台相连。室外空间又被一个巨大、起伏的无边泳池和周边的茂密绿植环境所包围，并用攀援的榕树巧妙地遮挡了附近的房屋（确保了其私密性）。

“坡地别墅”继承了1945年至1966年建造的斯塔尔住宅（Stahl House）的现代主义设计特点，大面积室外空间最大程度地发掘出当地气候环境的宜居潜力，与当代洛杉矶建筑和现代主义的某些遗产联系起来。

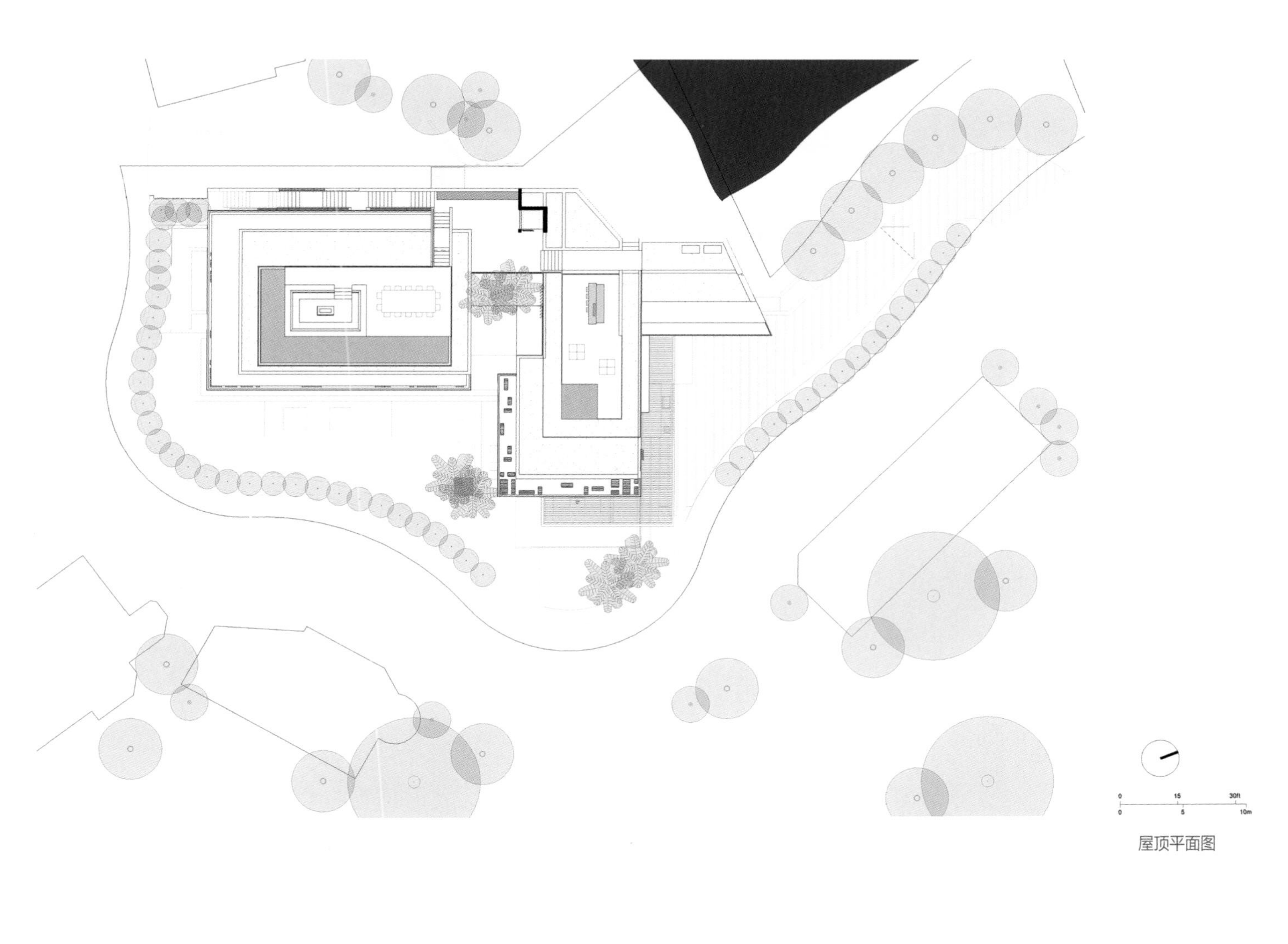

屋顶平面图

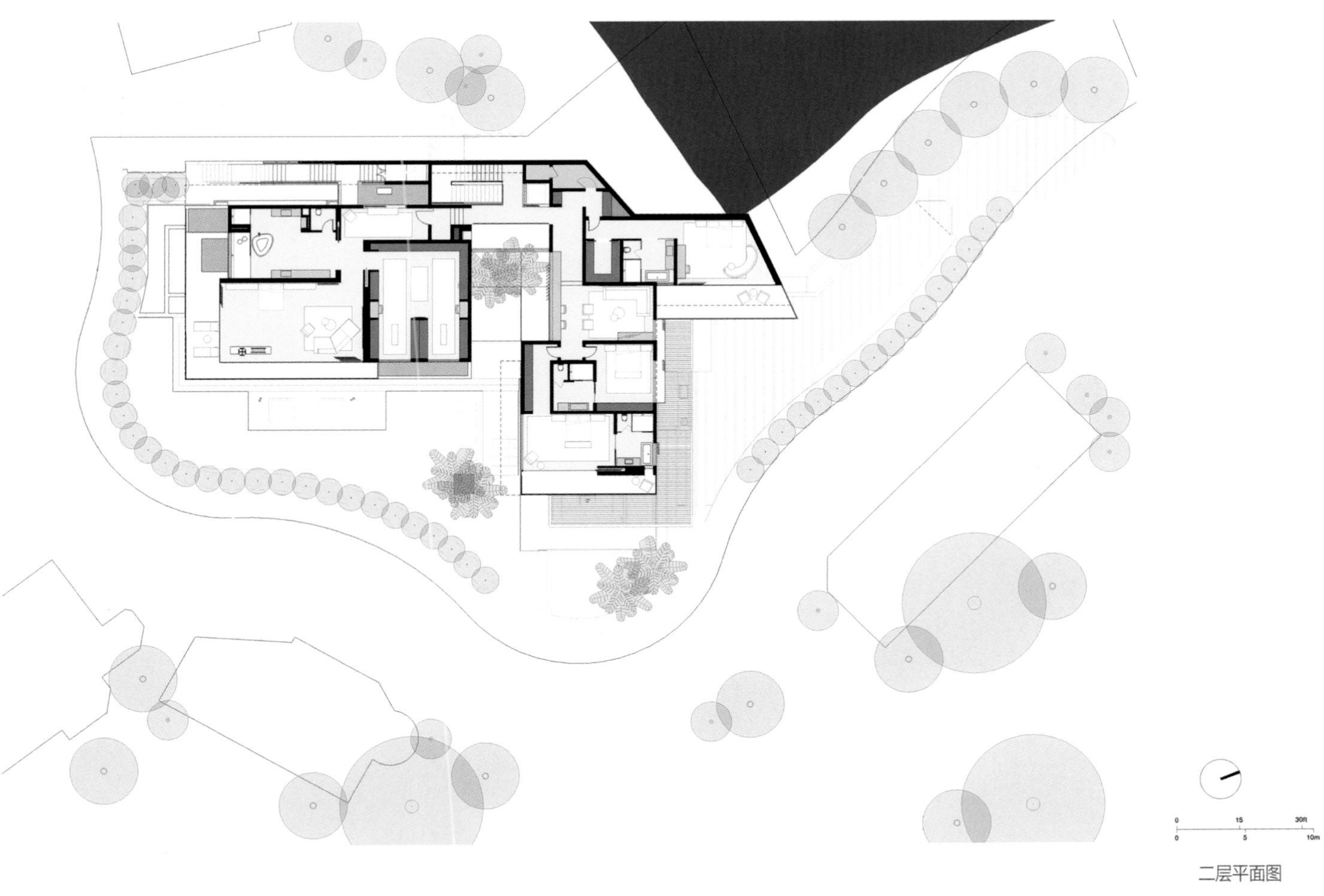

二层平面图

TRAMONTO RESIDENCE

特拉蒙托住宅

项目概况

特拉蒙托住宅坐落在太平洋帕利塞兹（Pacific Palisades）山麓，别墅会山望海，俯瞰周围的圣莫尼卡山脉和与太平洋相接的加利福尼亚海岸线风光。然而，场地本身充满了挑战，基地不规则且位于山坡上，建筑师因地制宜，设计出一幢美国现代风格的独栋别墅，除业主起居空间外还配有书房、健身房、桑拿房、娱乐室和篮球场。

Architect: Shubin Donaldson
Interior design: Magni Kalman Design
Location: Los Angeles, United States
Area: 1 737 m^2
Photographer: Fernando Guerra, FG + SG, Eric Laignel

建筑设计：舒宾 · 唐纳森
室内设计：麦格尼 · 卡尔曼设计公司
项目位置：美国洛杉矶
项目面积：1 737 平方米
摄影师：费尔南多·格拉，FG + SG、埃里克·莱格内尔

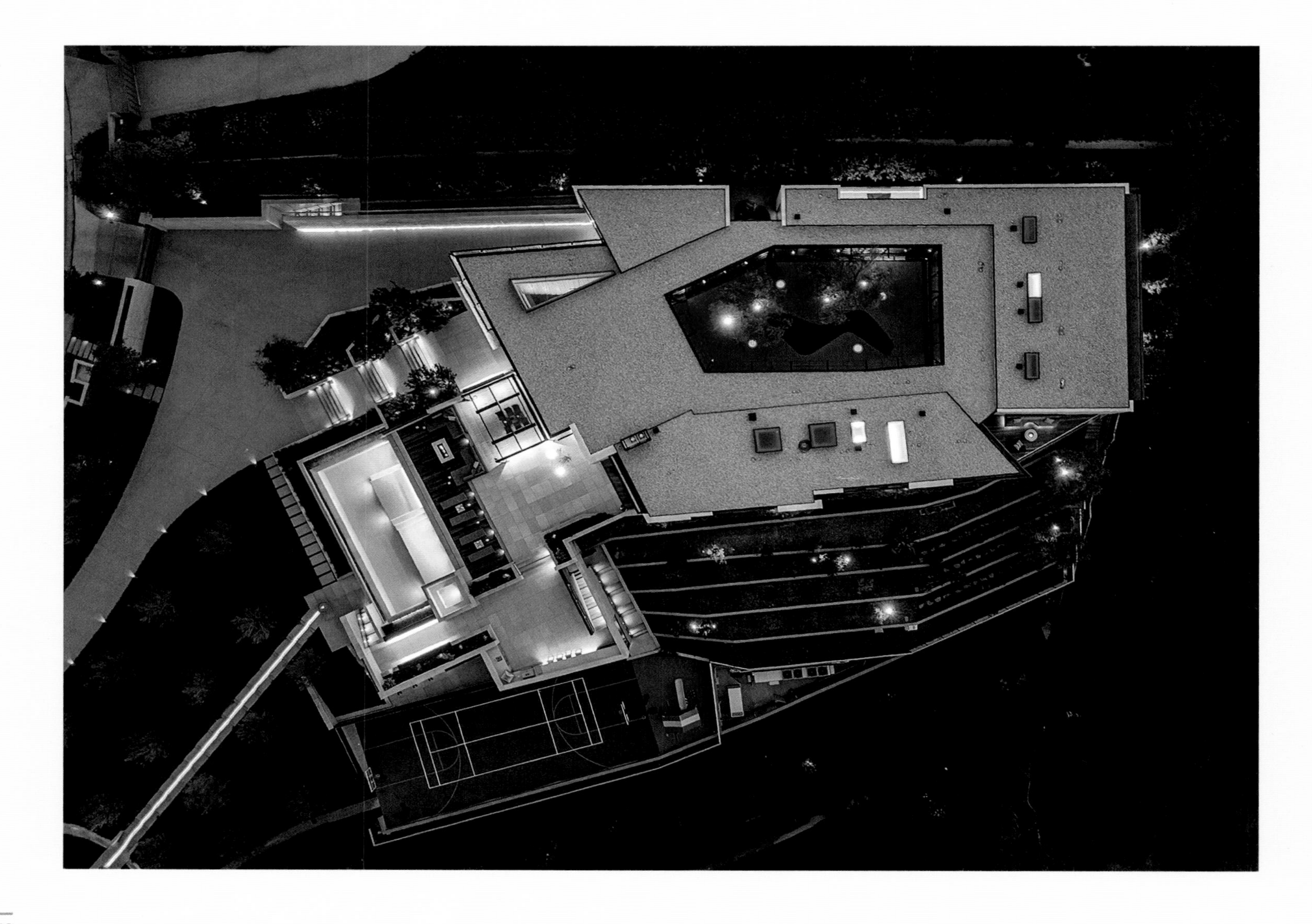

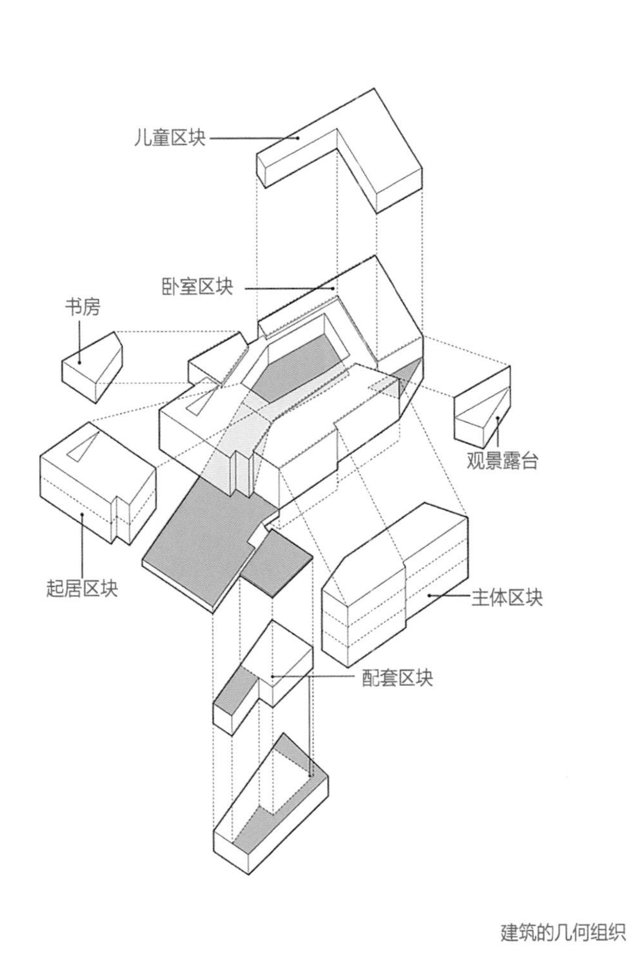

建筑的几何组织

坡地条件和周围景观决定了建筑的造型，建筑的朝向利用了陡峭的地形和远处的海景。沿着山坡的自然轮廓，坡地被设计成带泳池的开阔前院，地下结构在加固山坡的同时，也提升了整体建筑的质量。

别墅由两个主要体块组成，这些体块由沙岩、高性能玻璃和深色烟熏木材构成，这些材料都很好地保留了自然肌理，营造出自然、质朴的轮廓。项目设计有两个开放式庭院，一个是对外开放的半公共前庭，另一个是供业主私人使用的小庭院。

别墅大堂宽敞、明亮，卡其色大理石和亚麻色大型地毯奠定了空间的基础色彩。外墙、露台、地板、壁炉使用的大理石是一样的，墙面的大理石采用荔枝面，而地板则用亚光的表面处理方式，为宽广的空间带来质感和温度，搭配牙白色的天花板、浅土黄色的躺椅、灰酒红色的主沙发、深褐色的实木背景墙、黑色茶几，色彩自然又丰富，营造出优雅、沉稳的公共空间。别墅家具是由麦格尼・卡尔曼设计定制的。

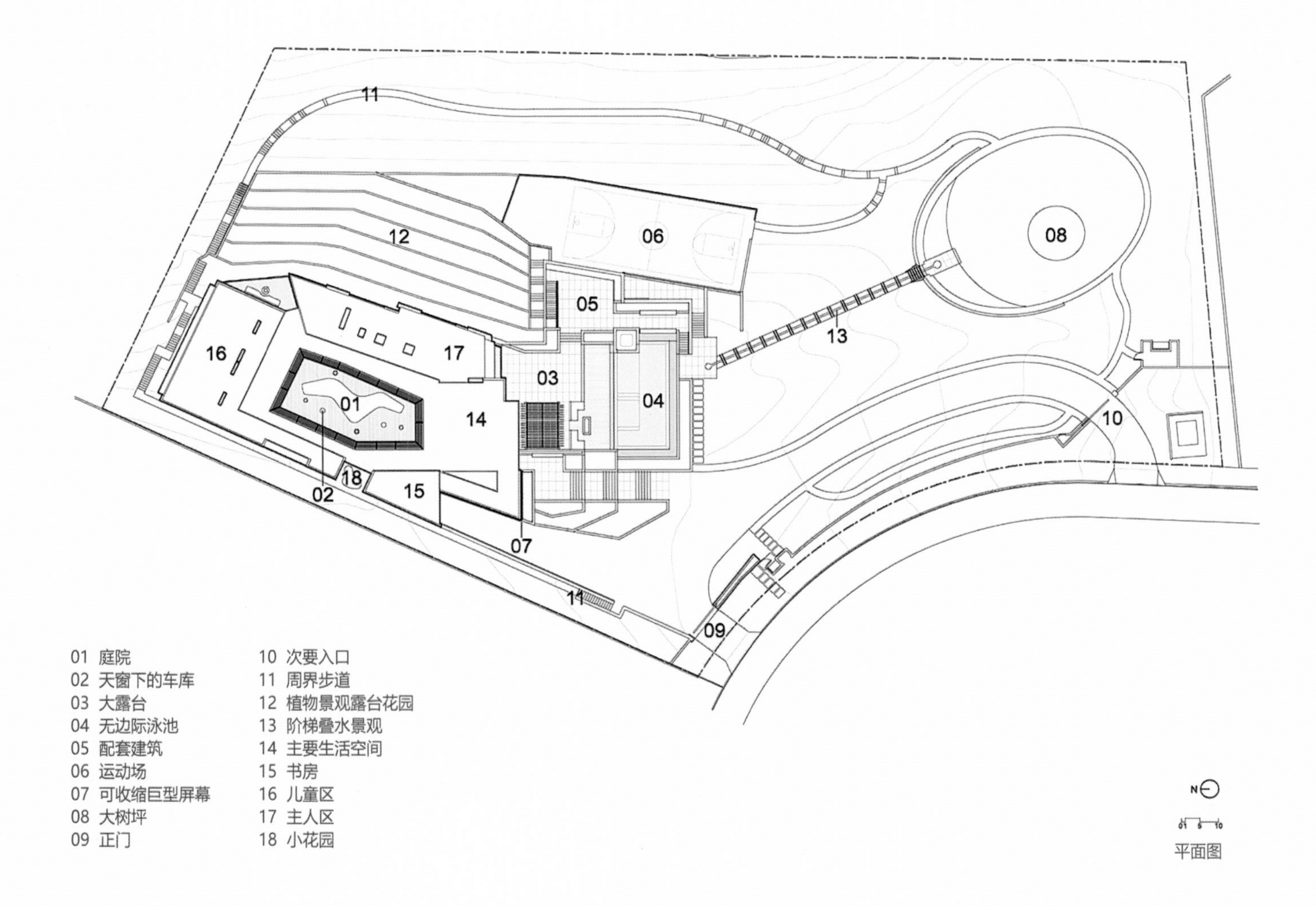
01 庭院
02 天窗下的车库
03 大露台
04 无边际泳池
05 配套建筑
06 运动场
07 可收缩巨型屏幕
08 大树坪
09 正门
10 次要入口
11 周界步道
12 植物景观露台花园
13 阶梯叠水景观
14 主要生活空间
15 书房
16 儿童区
17 主人区
18 小花园

平面图

除了石材，实木的运用也贯穿了别墅的内外部空间。别墅正面的巨大实木格栅可以来回伸缩，使别墅大堂颇具特色。楼梯通向夹层和走廊，沙比利楼梯踏板由内部结构钢支撑，表面采用抛亚光处理。下面的镜面水池反射周围的景色，更好地模糊了建筑的内外部空间。

7FEV514

BENEDICT CANYON VILLA

本尼迪克特峡谷别墅

项目概况

别墅业主来自体育界。他希望别墅包含一个开放式的娱乐场所、一个摄影棚以及一个艺术廊，以展示他的大型艺术作品。CMF Homebuilders 和 Highfire Interior Design 也参与了该项目的设计，他们从一个山顶空置地块开始，首先设计了 3 米多高的挡土墙来共同构建坚固的建筑基座。一条蜿蜒的车道通向别墅，直至车库和别墅入口。入口的左边楼上是办公空间，通过水池边上的楼梯进入。宽大的踏步将人们引向别墅内，踏步周围是水池和草坪，墙面采用了深灰色层压岩板。

Architect: Whipple Russell Architects
Location: Beverly Hills, United States
Area: 882.6 m^2
Photographer: William MacCollum

设计者：惠普尔罗素建筑师事务所
项目位置：美国比佛利山庄
项目面积：882.6 平方米
摄影师：威廉 · 麦克科鲁姆

进入别墅区，首先映入眼帘的是壮观的门庭，宽敞的中枢草坪在眼前展开。正面是一个双层通高的建筑体块，南、北及正面都采用了通高的落地窗，顶部也设有天窗，便于业主欣赏加利福尼亚山丘的美妙风光。土色大瓷砖顺着台阶进入居住区，墙面设有一系列的伸缩玻璃门，这样可以很好地模糊建筑的内外部空间。

别墅内庭中种有一棵橄榄树，借助灯光配合，塑造出一个小型禅宗花园，为空间增添了禅意。

别墅右边是充满阳光的艺术画廊和楼梯，以及通往楼下三间卧室和浴室的入口。左边是厨房、餐厅和家庭起居室。厨房柜台和中岛的材质为 Quartz 石英石，橱柜采用意大利进口胡桃木和 Wenge 品牌木材制成。炉灶和烤箱均为 Wolf 品牌，定制厨房餐桌为产自加尔各答的瓷器，内置的烤架为日本进口的 Yakiniku 品牌。

就餐区旁边是一个家庭影院，保姆的卧室和浴室位于它后面。

别墅二层是主人套房，包括男主人和女主人的衣帽间，主卧室设有一个层压岩板的壁炉，为露台和卧室供暖。卧室天花板使用的实心胡桃木，该材料在别墅的其他空间中也被大量使用，为别墅空间提供了温暖，地面则采用了定制的橡木染色地板。卧室有宽敞的玻璃窗，可以从卧室以及带有大理石和石英石柜台的浴室欣赏周围风光。

COURBE VILLA

库尔贝别墅

项目概况

正如高山是随着时间的推移由许多物质堆积形成一样，库尔贝别墅也是由许多人协调努力塑造出来的：遵循光线、遵循场地现状和当地的法规。从湖中望去，别墅几乎与树木茂密的山丘合为一体。

Architect: SAOTA
Location: Lac Leman, Switzerland
Area: 1 937 m^2
Photographer: Adam Letch

设计者： SAOTA 建筑事务所
项目位置： 瑞士莱曼湖
项目面积： 1 937 平方米
摄影师： 亚当·莱奇

别墅的入口在道路边上，通过一系列“切片”与湖边的斜坡交汇，这些“切片”在场地上呈楔形轮廓。其中第一块“切片”是三层的交通体块，底部的负一层设有艺术展示空间，该“切片”为体块外的私人区域提供了门槛。访客可以垂直向下来到带顶部采光的地下艺术空间，该空间可通往负一层的娱乐区。主要会客厅被分配到最靠近湖泊两层高的第二块“切片”中的一层，一层还包含餐厅、厨房和家庭活动室等，而两层通高的会客厅还为二层的卧室抵御了来自湖面寒冷的北风。

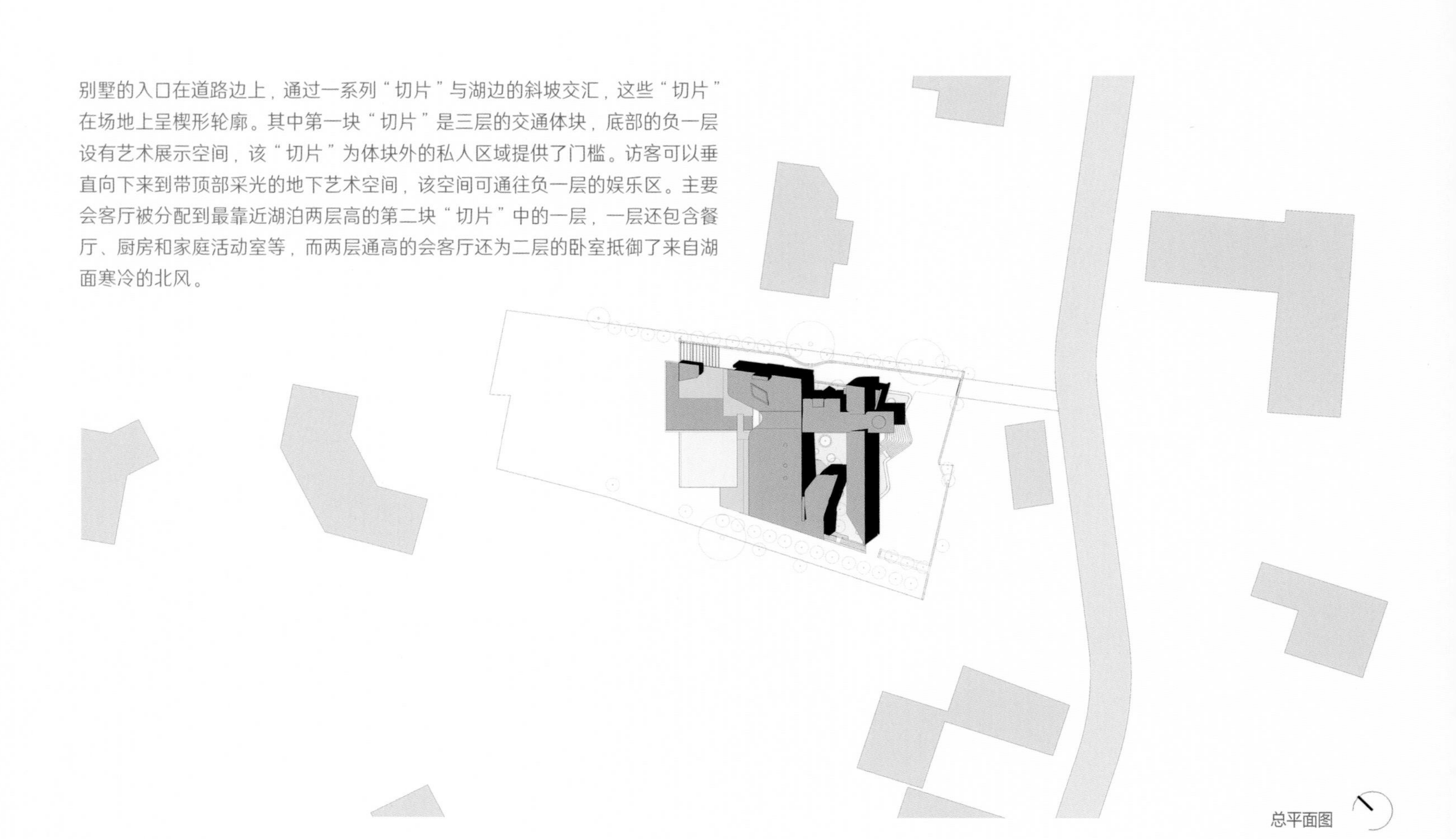

总平面图

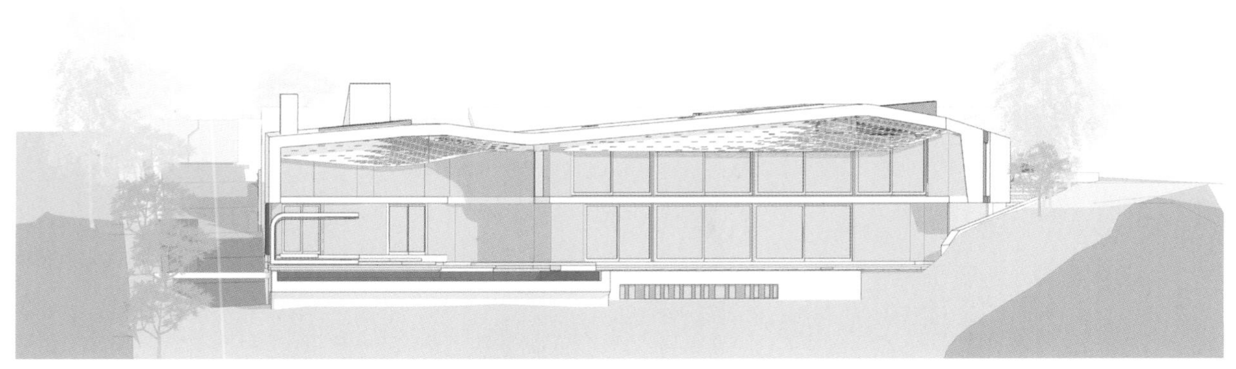

西立面图

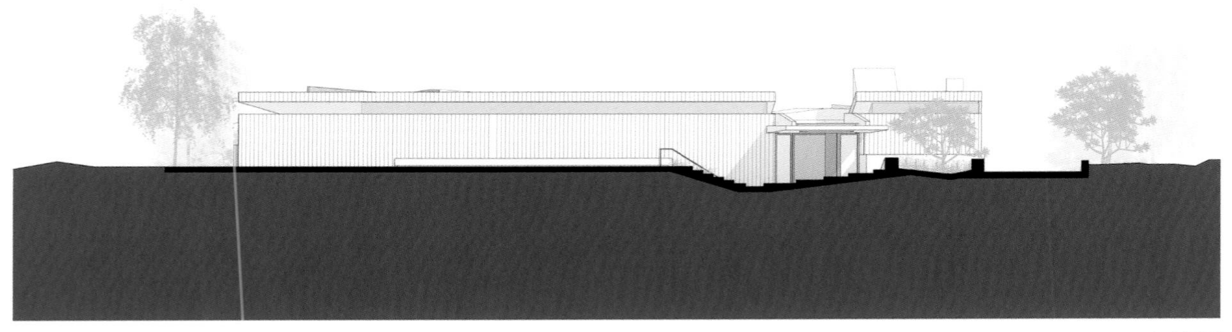

东立面图

“切片”之间的间隔在平面中心，被塑造成了一个宽敞且朝南的私人庭院，而该庭院又将光井引入了地下室。屋顶被策略性安置的天窗打破，使夏日阳光通过激光切割成的铝制遮阳板散射入地下层，遮阳板被制成曲面，可使更多的阳光通玻璃和窗户进入室内空间。

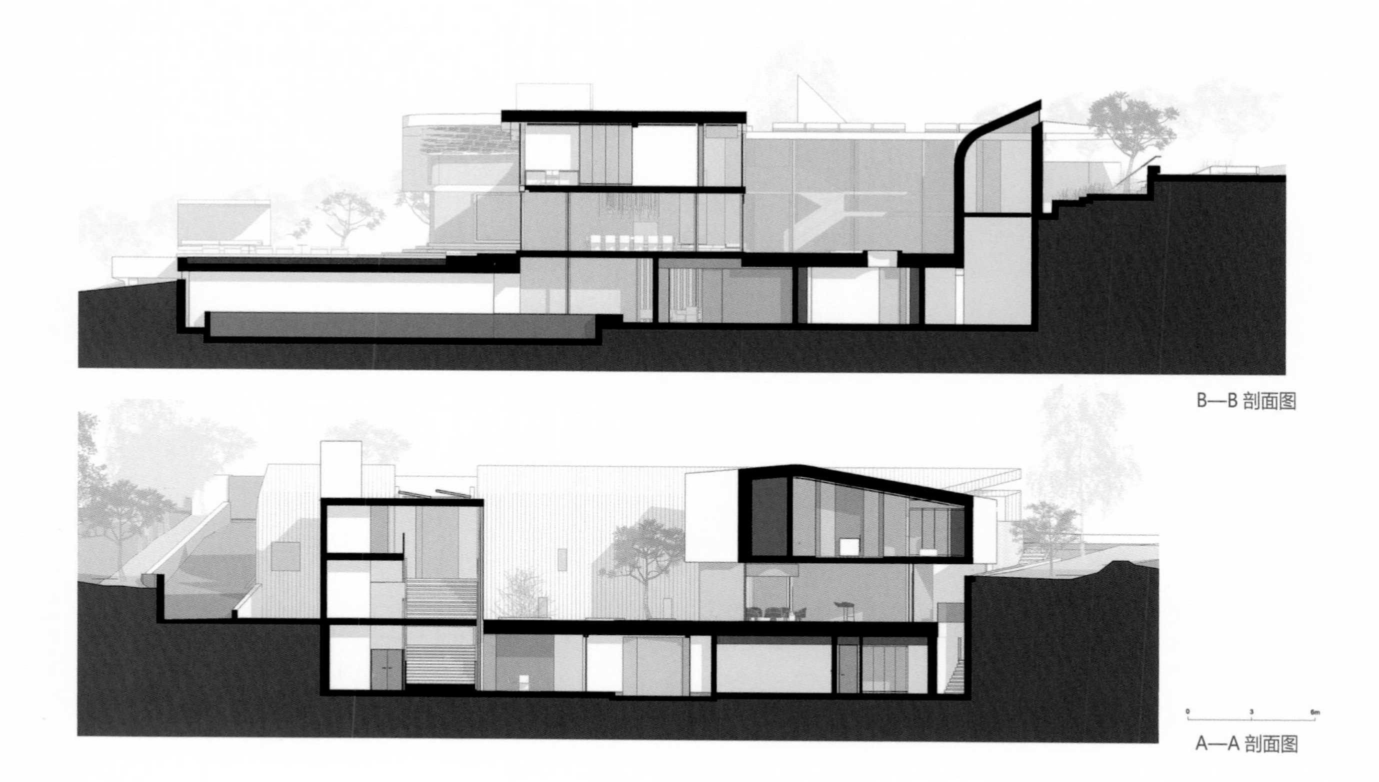

B—B 剖面图

A—A 剖面图

入口位于第二个“切片”中部，并将第二个“切片”分成两个翼片，从而极大地打开了远眺湖泊和群山的视野。该场地朝向西北方向，所以设计师在设计时尽一切努力使南面阳光能进入建筑内部，将项目划分为并行的“切片”可突出两个南面标高，其中一个在入口处，基本上被镀锌的金属面板封闭以保障私密性，而通高的天窗则很好地将阳光引入地下室的深处。

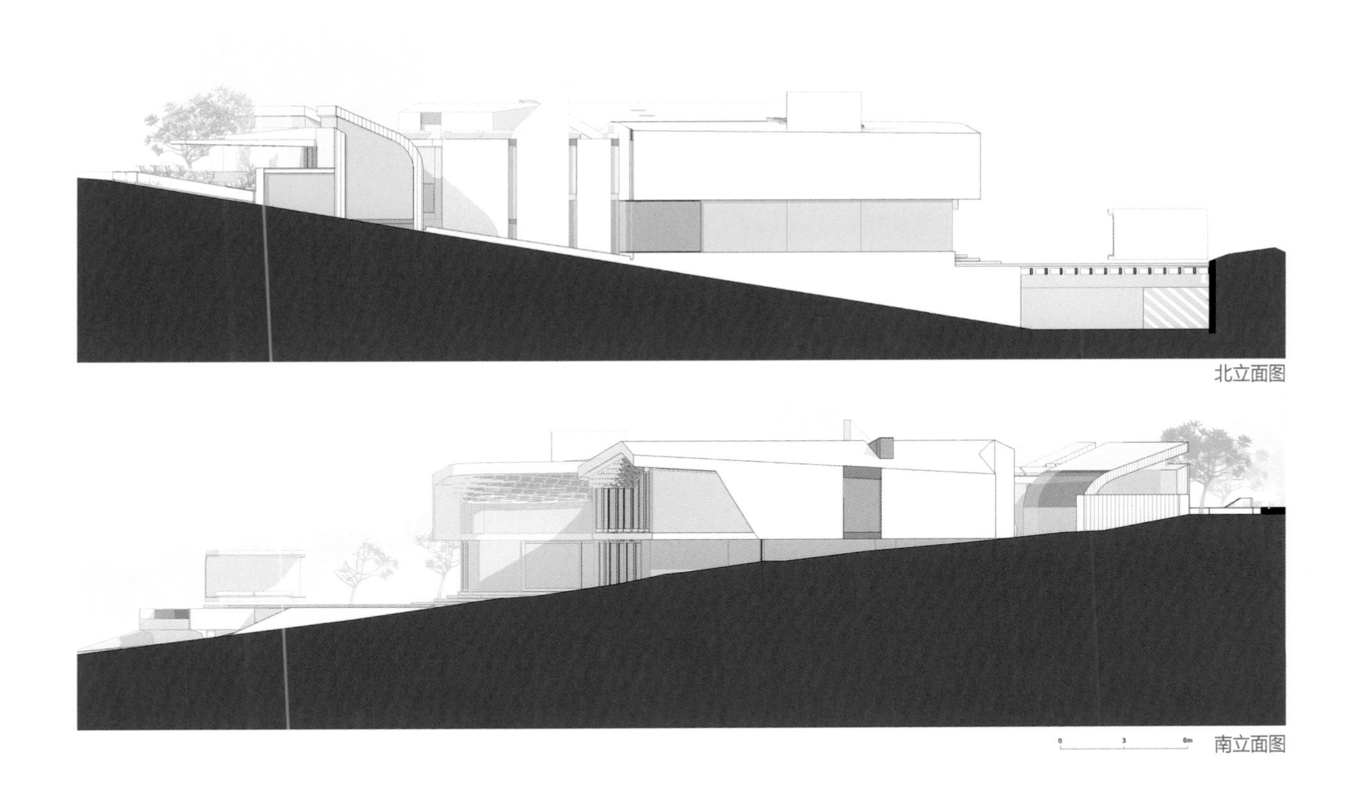

北立面图

南立面图

一层平面图

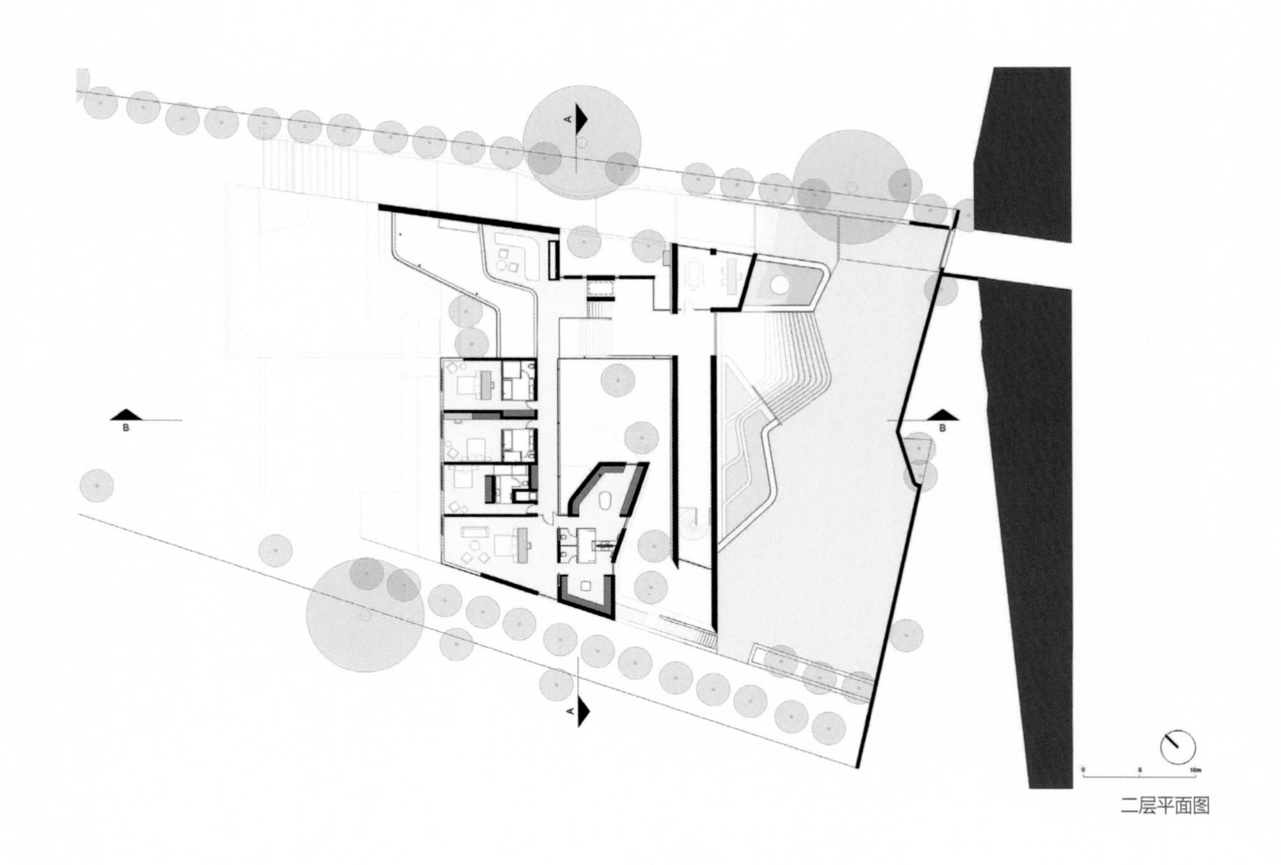

二层平面图

材料的选择都是基于空间采光的需求。建筑外部镀锌板，使入口显得坚固而不透明。而在光线较弱的地下室区域则采用了白色的墙壁和天花板。在主要的生活空间中将木材天花板和天然石材墙面相结合，给空间增添了温度和质感。黑色大理石的白色纹理是石灰石分层堆积在水平带中形成的，呼应着周围积雪覆盖的山峰和沉积岩石；前门和大门则以邦德式的覆铜钟表造型打造；混凝土也以多种方式使用：入口大厅的厚木板浇铸成的水泥面板、泳池小亭的整体曲面造型、地下泳池和温泉浴室的幕墙，这些都是使用专有的弹性模具浇铸混凝土而成的。三层玻璃（其中一些是弯曲的）的运用，太阳能热水、地热热泵和屋顶的保温绿植完美地结合在一起，将深入寒带的别墅的舒适性能提高到十分理想的水平。

负一层平面图

游泳池被设计成通过玻璃墙反射自然光的地下灯箱。从地下室的巧妙采光到地上空间的南向借光，最终该项目形成了一系列以不同类型采光为特征的明亮空间。

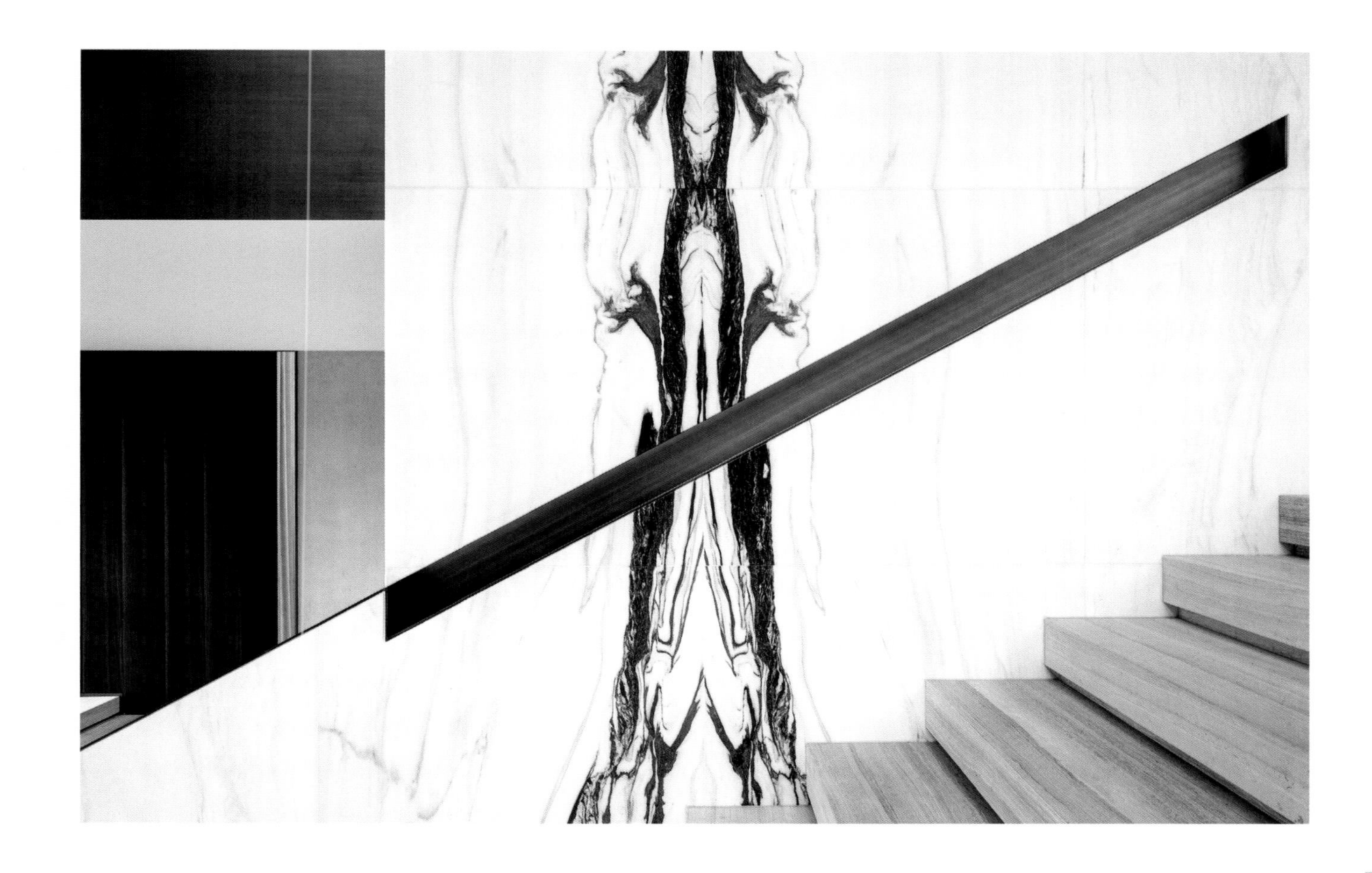

BEVERLY HILLS ESTATE VILLA

比佛利山庄别墅

项目概况

该项目为 20 世纪 60 年代老宅子的现代改造，由杰米 · 布什联手丹尼斯 · 吉本斯建筑事务所共同打造完成。庄园位于加利福尼亚州比佛利山的一处山头上，景观视野极佳，占地 551 平方米。新业主购买这栋住宅时，希望将其打造成一个开放、通透的现代时尚居所，要求改造后的庄园有空间用来展示他们不断收集中的当代摄影作品。经过重新改造设计的老庄焕发新生：经典而优雅，搭配时尚的装饰元素，空间充满了时尚和艺术的气息。

Architect: Jamie Bush
Location: Los Angeles, United States
Area: 551 m^2
Photographer: Douglas friedman

设计者：杰米·布什
项目位置：美国洛杉矶
项目面积：551 平方米
摄影师：道格拉斯·弗里德曼

庄园位于山坡道路的尽头，可270°欣赏比佛利山庄和洛杉矶的壮丽景色。老建筑比较明显的特征是使用了较多的曲线和圆形元素，在整个建筑中都能看到。

庄园的正面进行了重新改造设计，具有纪念意义的墙体弯曲成柏拉图式环抱的姿态，印第安纳州大理石经过竖状的荔枝面处理，粗糙的石材与大门光滑的白色涂料形成对比，夜幕降临时，隐秘的顶灯散发出温暖的光芒，迎接着业主和来宾。

庄园经设计师改造后，既经典又时尚。除了庄园前庭之外，大部分外观都未经大幅改造。后院设计了白色涂料的长廊和长长的、蜿蜒的玻璃墙。后院是观赏景观的最佳场所，墙体采用玻璃材质，为室内空间提供了良好的景观视野。

通过玻璃门的入口，可以从外面窥见内部的温馨、奢华。进入庄园后，经过一道玻璃屏风进入下沉的客厅，通过宽敞的落地玻璃窗可以饱览洛杉矶的城市风光。整个庄园内的定制豪华家具以丰富质感和舒适度为基础，同时，内部空间也保留了流线形和圆形元素，从家具到地毯，甚至天花板细节也是如此。

MAGNUM

随着时间的流逝，设计师对已过时的室内空间要素进行了改造，如一些家电设备。设计师说，房子的结构弯曲、新颖，却令人振奋。为了更好地体现业主的收藏作品，设计师采用了光滑、整洁的线条，时尚、简约的家具，中性的配色，以更好地展示摄影作品本身的艺术魅力。

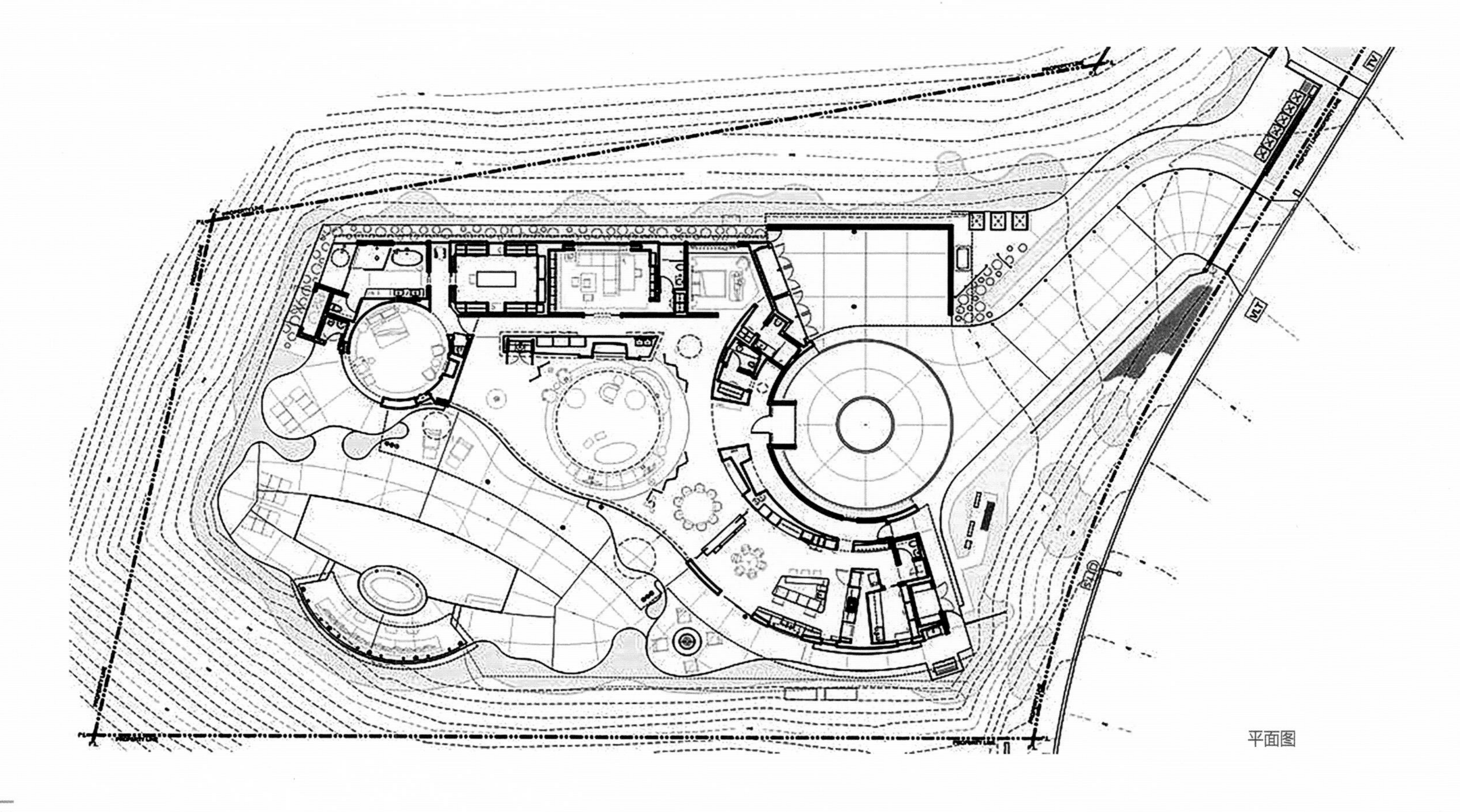

平面图

项目场地处于山头，视野开阔，建筑的改动也不大。从外观来看，建筑的造型是简约的，从建筑正面可以穿过玻璃大门看到后院的花园、游泳池和群山，所以，对室内设计的要求就提高了。由于业主的收藏品遍布各个区域，室内的色彩、材料和装饰品既要丰富、精致又不能过于张扬，最终，设计师成功地做到了。

FMB VILLA

FMB 别墅

项目概况

两名主创设计师和业主高效、默契地完成了该栋别墅的设计工作。业主希望孩子们在这里快乐成长，家是他们的乐园，也希望该别墅可以很好地接待客人，设计师和业主完美地达成了共识。

Architect: Fuchs Wacker Architects
Location: Esslingen, Germany
Area: 450 m^2
Photographer: Johannes Vogt, Patricia Parinejad

设计者：福克斯·瓦克建筑事务所
项目位置：德国埃斯林根
项目面积：450 平方米
摄影师：约翰尼斯·沃格特、帕特里夏·帕里尼加德

项目整整历时四年，建筑师与业主经常交流创意和想法，一起讨论建造细节图，研究建筑空间与场地陡峭地形的关系。通过双方的通力协作，别墅建成后终不负所望。整栋建筑处于一种温馨而简约的平衡状态，从公共空间的热情过渡到私密空间的安定，空间中充满了活力，每处细节都有精彩的故事。室外空间与室内空间相映成辉。

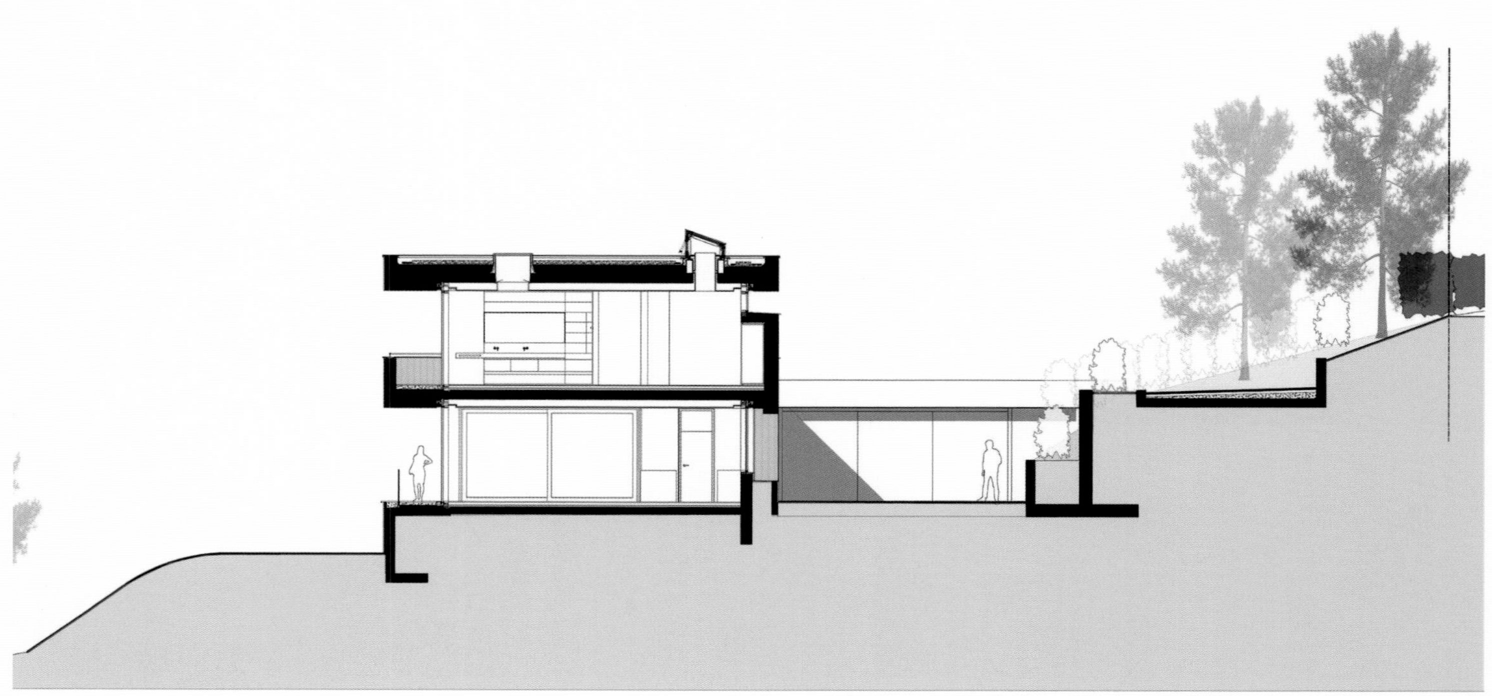

剖面图

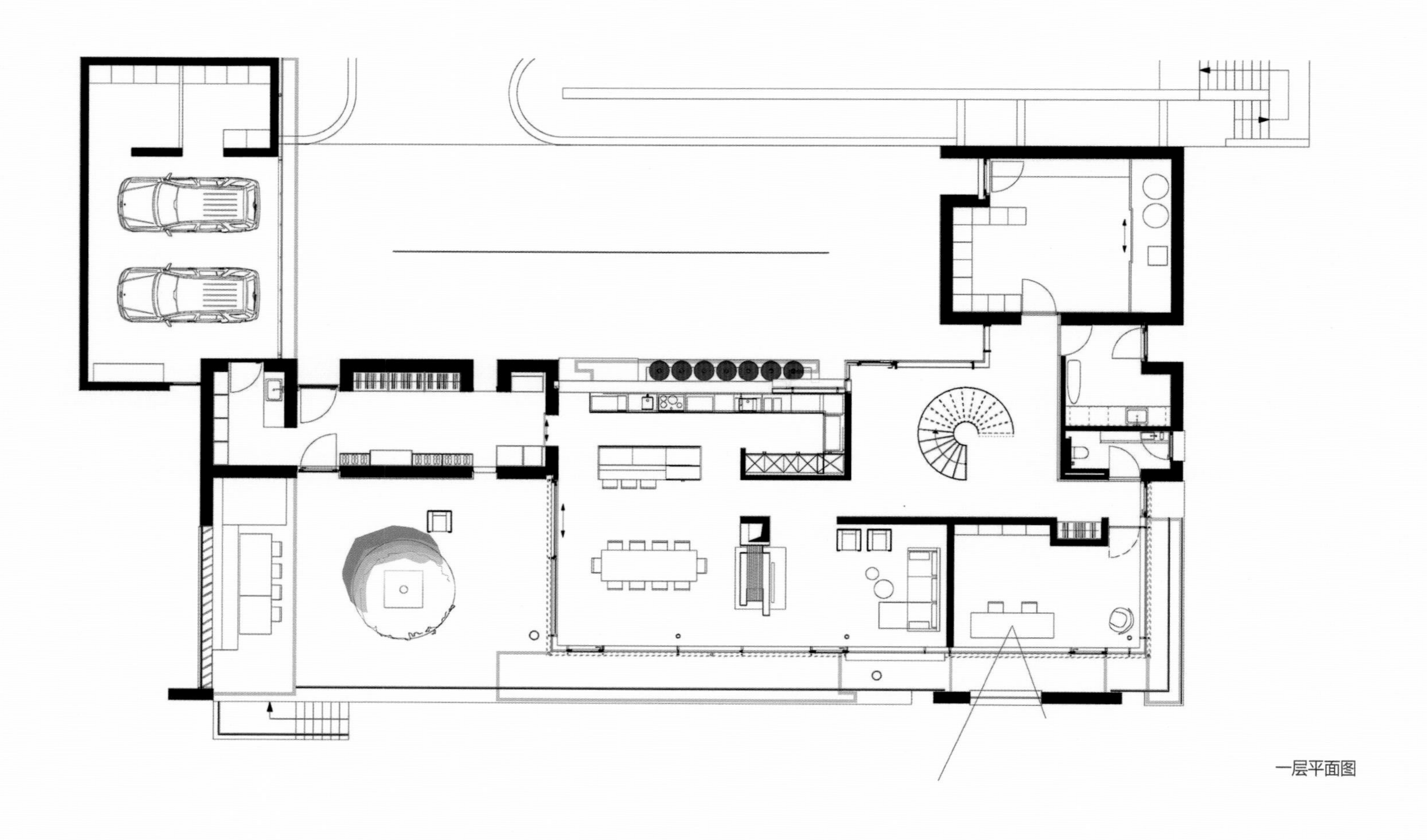

一层平面图

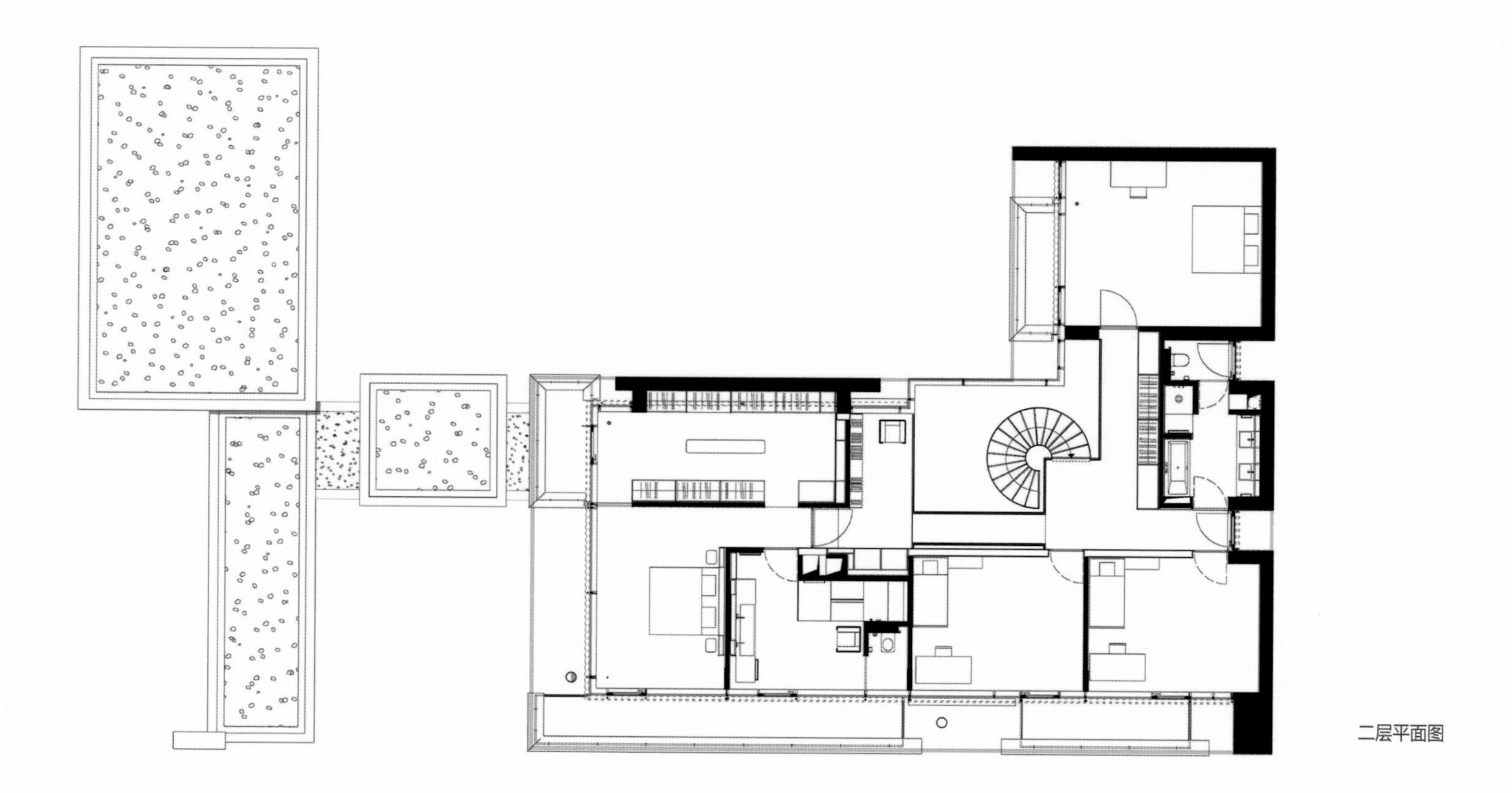

二层平面图

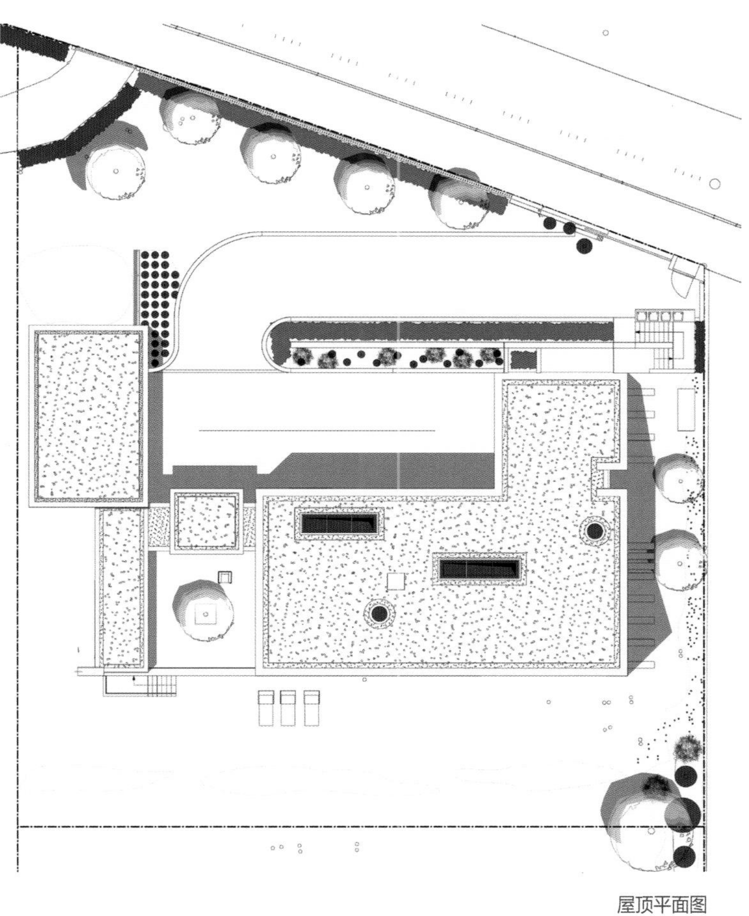

屋顶平面图

建筑师为别墅设计了一个功能强大的庭院，可以作为户外的生活区域，沿街有个小亭子，庭院正中央种着一棵枫树，在这里既可以举行烧烤聚会，又可以欣赏周围美丽的自然风光。

别墅中玻璃材料的运用赋予空间通透的特性。业主进入别墅入口门厅后，便来到一个充满雕塑感的白色旋转楼梯，往上可以通向卧室，楼上部分用全玻璃作为护栏，使空间更通透。得益于通透的玻璃材料，业主在别墅随处都可以欣赏到周围的美丽景观，也在视觉上将室内外空间融为一体。

别墅的起居室和餐厅被设计为一体，玻璃门外就是户外庭院，这样的布局设计，让起居室、厨房和庭院之间的衔接变得更加顺畅。别墅布局上空间通透、明亮，设计上现代、简约，最终呈现的这些品质都源于建筑师和业主的共同付出。

PORTOLA VALLEY HOUSE

波托拉谷之家

项目概况

别墅位于加利福尼亚州波托拉山谷，建筑旨在从多个方向俯瞰山谷连绵起伏的丘陵景观，营造出世外桃源般的山野时光。该别墅设计在平时生活和聚会时的需求形成鲜明对比，甚至有点矛盾，平时这是两位老人的家，要求是个人的、隐密的空间，但老人的子女和孙子们过来时，又需要灵活地布置成多人的房子，以便有足够的空间供大家聚会、参观和住宿。

Architect: SB Architects
Location: Portola Valley, United States
Area: 725 m^2
Photographer: Aaron Leitz

设计者：SB 建筑师事务所
项目位置： 美国波托拉谷
项目面积：725 平方米
摄影师：亚伦 · 莱兹

业主的日常起居、饮食都以养生、健康为重，因此，别墅的设计也是基于这样的考虑，还有专为冥想而设的空间。进入别墅前，首先来到别墅前庭，跨过一座小桥，越过入口水景再进入别墅，这座宁静的庭院为访客在动线上营造出一种仪式感，也是心情上的一个过渡。

SB 建筑事务所通过与 Thuilot 景观设计和建筑商的通力合作，打造了这座景观和建筑完美融合的独立建筑，不仅可以满足业主的日常生活需求，更可以满足在不同时光中的空间使用。主卧室是建筑的独立小结构，通过玻璃桥连接到别墅公共区域——起居室、餐厅、厨房，这部分独立的两层结构，其中有一个小型办公室，还有一个车库，楼上有艺术工作室。

SB 建筑事务所为业主和访客的暂住区域进行了规划和设计。在设计具有转换性的空间时，业主可以选择闲置这些区域，以便于两位老人的生活动线在较小的区域内展开；当有客人来到时，客厅和餐厅的玻璃墙会折叠起来并通向游泳池和露台，增加室内外空间的交互，这也是别墅设计的特色之一。折叠玻璃墙的运用使室内外空间之间的连接变得可控，当它折叠起来后，客厅、厨房、餐厅与庭院之间的屏障基本消失了，与宽敞的室外休闲平台连接在了一起，而且，室内公共空间还可以 270°地欣赏到场地壮观的景色。

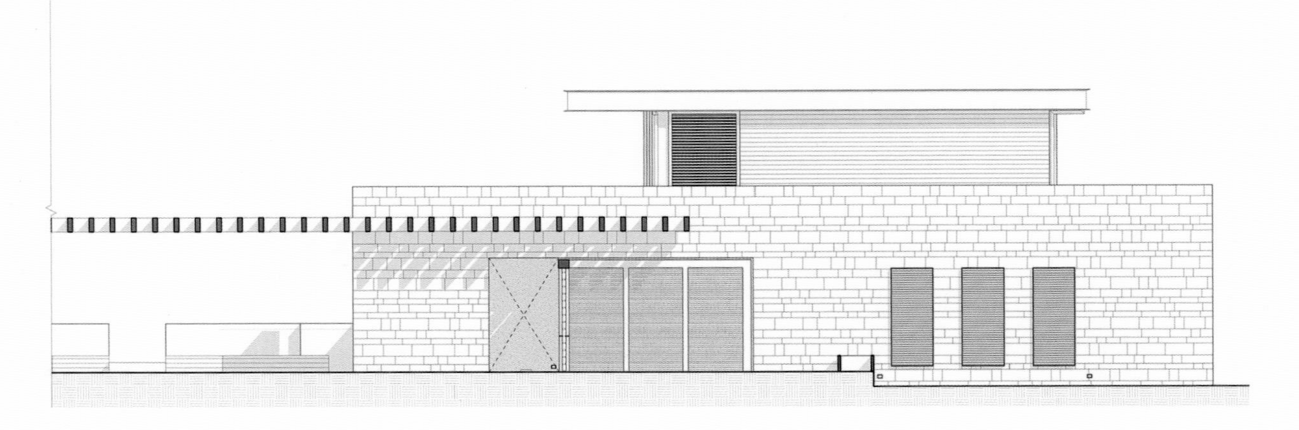

东立面图 1

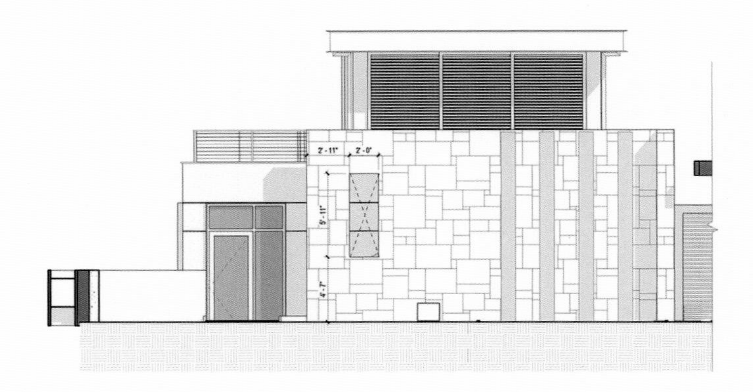

南立面图 1

北立面图 1

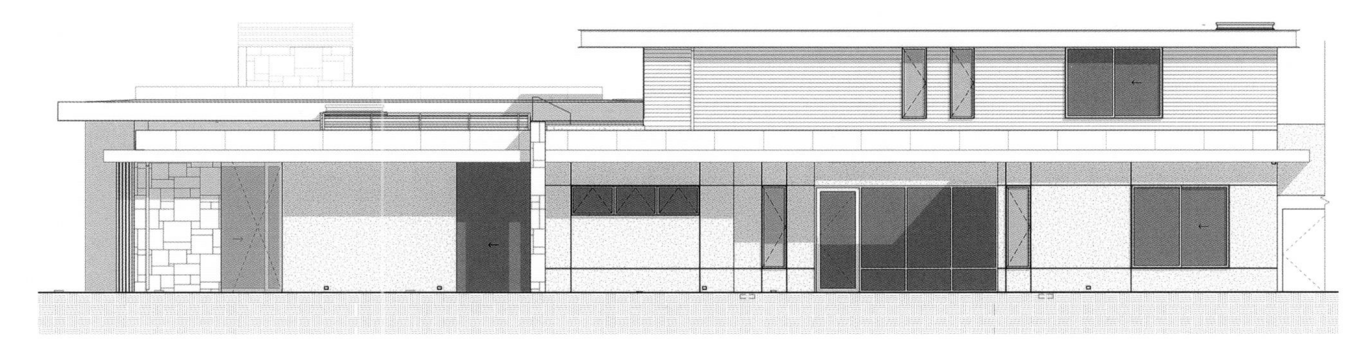

东立面图 2

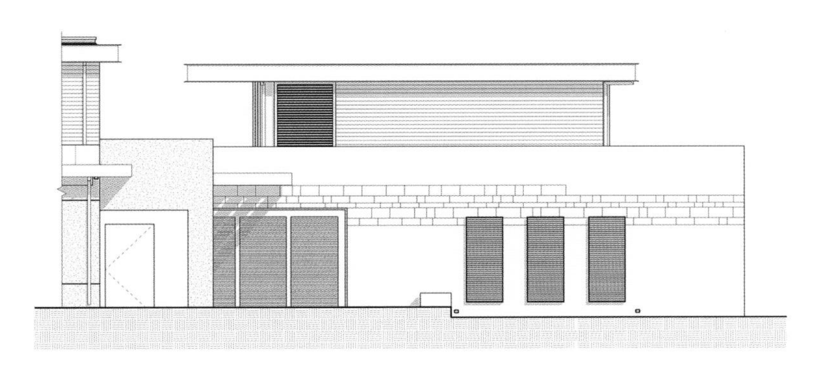

东立面图 3

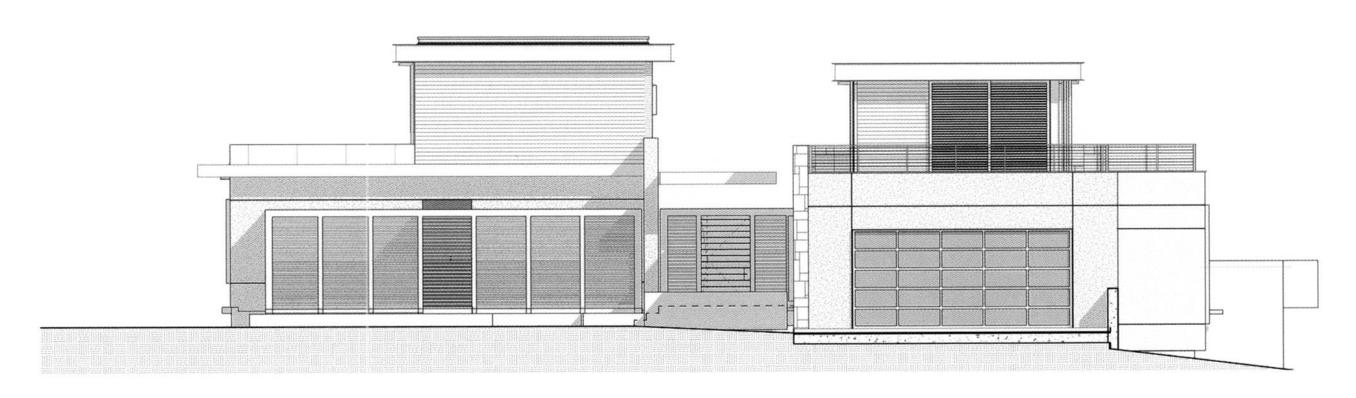

北立面图 2

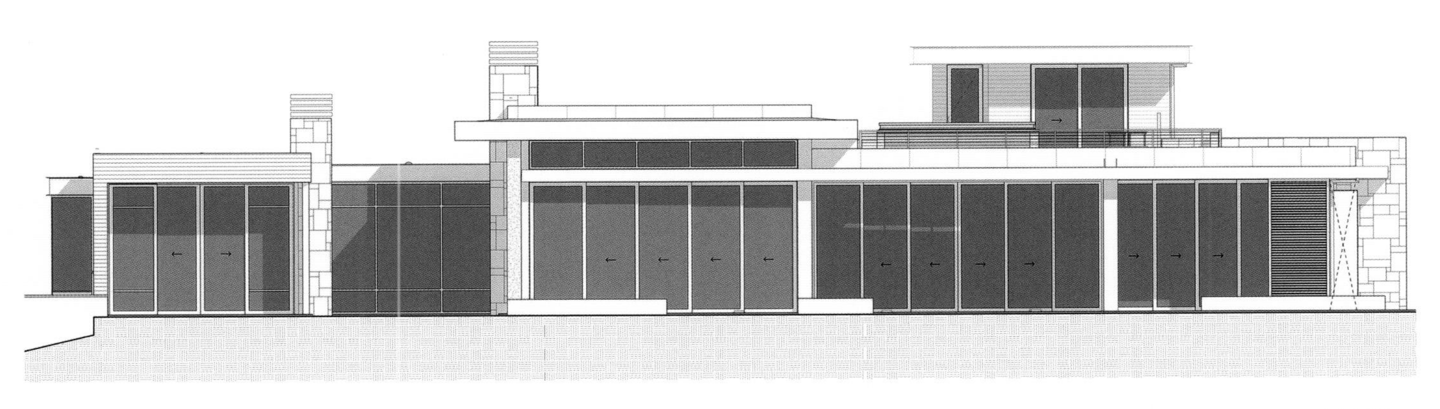

南立面图 2

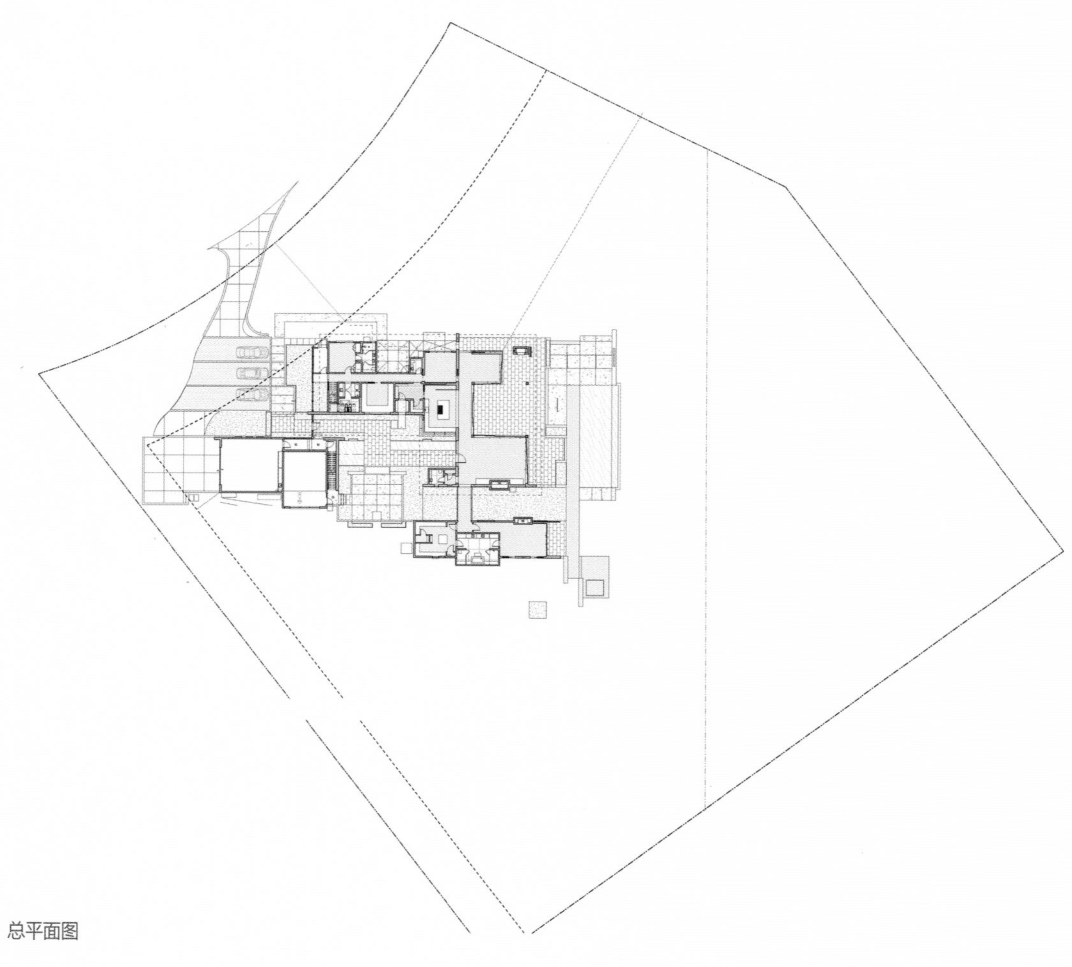

总平面图

别墅在建造中使用了最少的墙体，而着重于地板、天花板和室内木作，这些区域的细节十分考究。主要材料选用了木材、石材和钢材，雪松天花板为室内环境和室外悬臂区域增加了温度和质感；墙壁采用了巴西硬木，木材遍布整个别墅空间。在室内设计师洛丽莎·金姆（Lorissa Kimm）的帮助下，业主选择了一系列柔和、灰色调的家具，很好地衬托了业主收藏的艺术品。

WATERFRONT VILLA

滨水别墅

BEYOND VILLA

卓越别墅

项目概况

该别墅位于南非著名风景胜地狮头山上，是由 SAOTA 建筑事务所和 ARRCC 工作室联手打造的又一豪宅作品。项目所在地是南非著名的豪宅区，建筑给人雄伟的印象，六间宽敞的卧室位于较低的楼层，其中三间可以与家庭起居室及带有水疗房、游戏室、家庭影院的双层娱乐空间相连。主要生活区则位于别墅的高层，这是宽敞的双层开放式空间，包括客厅和起居室、餐厅、厨房、酒吧以及夹层楼中的冬季休息室、书房和艺术工作室。卓越别墅是当代生活和艺术的结合，当代奢华生活和地标性景观环境完美地融合在了一起。

Architect: SAOTA, ARRCC
Location: Cape Town, South Africa
Area: 1 400 m^2
Photographer: Adam Letch & Stefan Antoni

设计者：SAOTA 建筑事务所、ARRCC 工作室
项目位置：南非开普敦
项目面积：1 400 平方米
摄影师：亚当 · 莱奇、斯特凡 · 安东尼

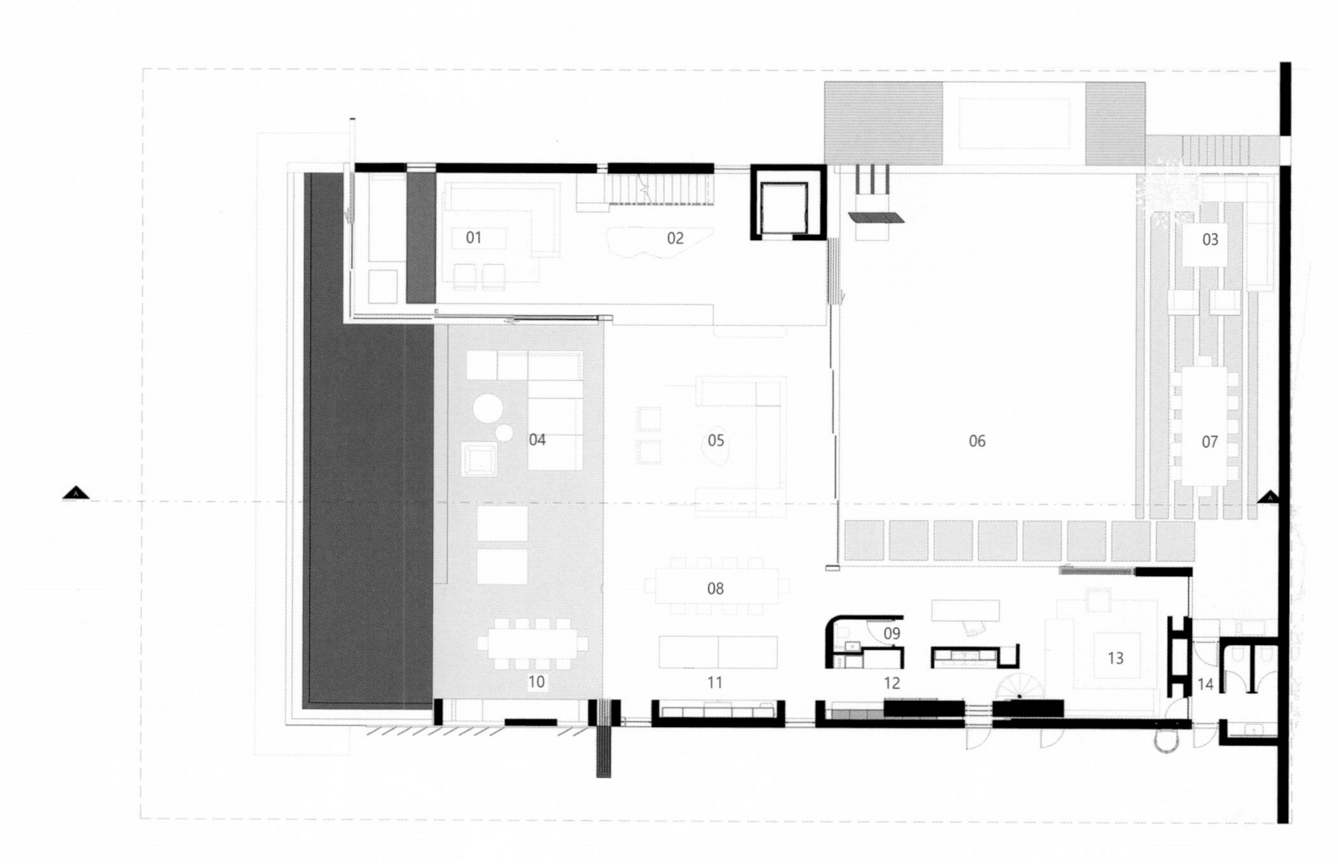

01 泳池休息区
02 餐吧
03 室外休息区
04 泳池露台
05 客厅
06 花园
07 室外餐厅
08 室内餐厅
09 客人卫生间
10 户外餐饮
11 厨房
12 餐具区
13 家庭起居室
14 外部厕所

三层平面图

别墅的空间和光线运用受到现代主义运动的启发，入口立面设计致敬了勒·柯布西耶对建筑的定义：“各种体量在光线中熟练的、正确的、华丽的组合。”在别墅宽敞的入口大厅的明暗对比处理下，访客被来自上层空间的光线所引导。该别墅并非完全私人住宅，还需考虑到空间的体验，别墅的功能很强大，各区域之间被无缝衔接，其功能由相交的平面来定义，由天花板和地板来区分。

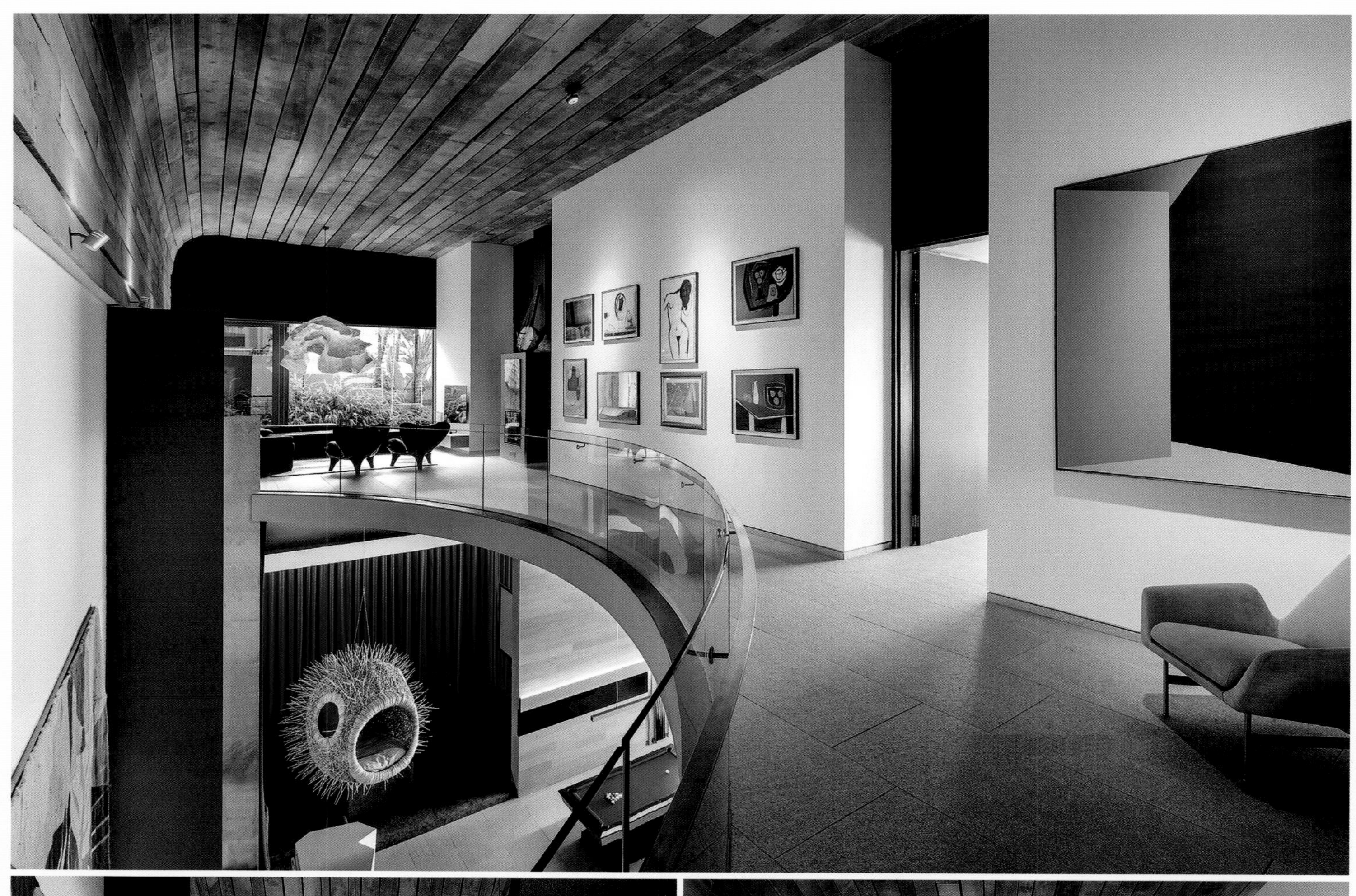

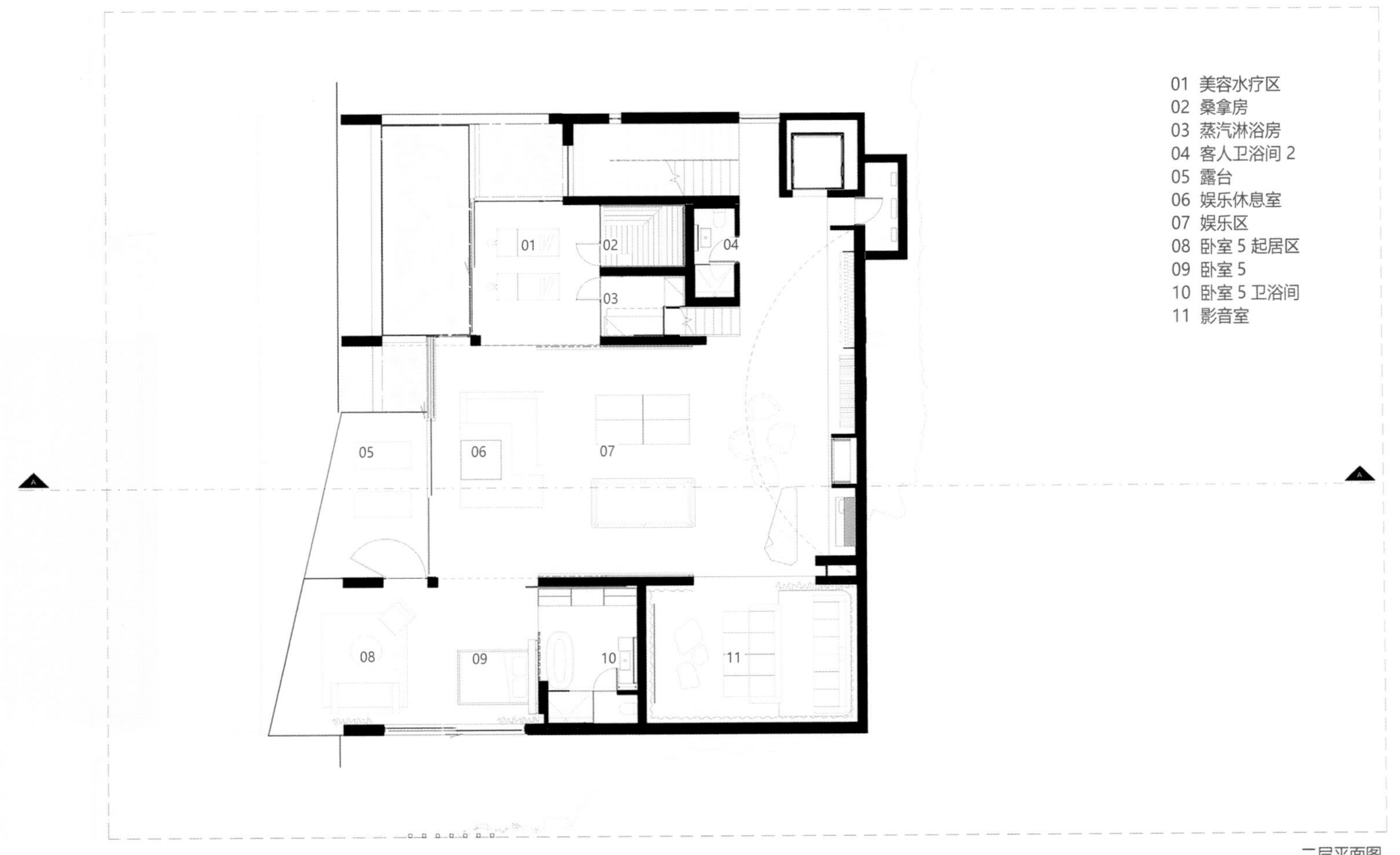
01 美容水疗区
02 桑拿房
03 蒸汽淋浴房
04 客人卫浴间 2
05 露台
06 娱乐休息室
07 娱乐区
08 卧室 5 起居区
09 卧室 5
10 卧室 5 卫浴间
11 影音室

二层平面图

别墅中光线和原始材料在空间中精妙地相互作用，为访客提供了震撼的体验，这是当代南非艺术的杰作。家和艺术收藏之间的界线总是模糊的，从 Paul Blomkamp 挂毯和 Paul Edmunds 雕塑（使神秘的入口大厅生气蓬勃）到 Porky Hefer 嬉戏（且可居住）的“河豚”（漂浮在两倍体积的娱乐区内），再到装饰在厨房深色墙壁上的非洲面具等一系列艺术品，都是基于建筑空间来精心设计的。项目的室内设计由 ARRCC 工作室和 OKHA 工作室共同完成。

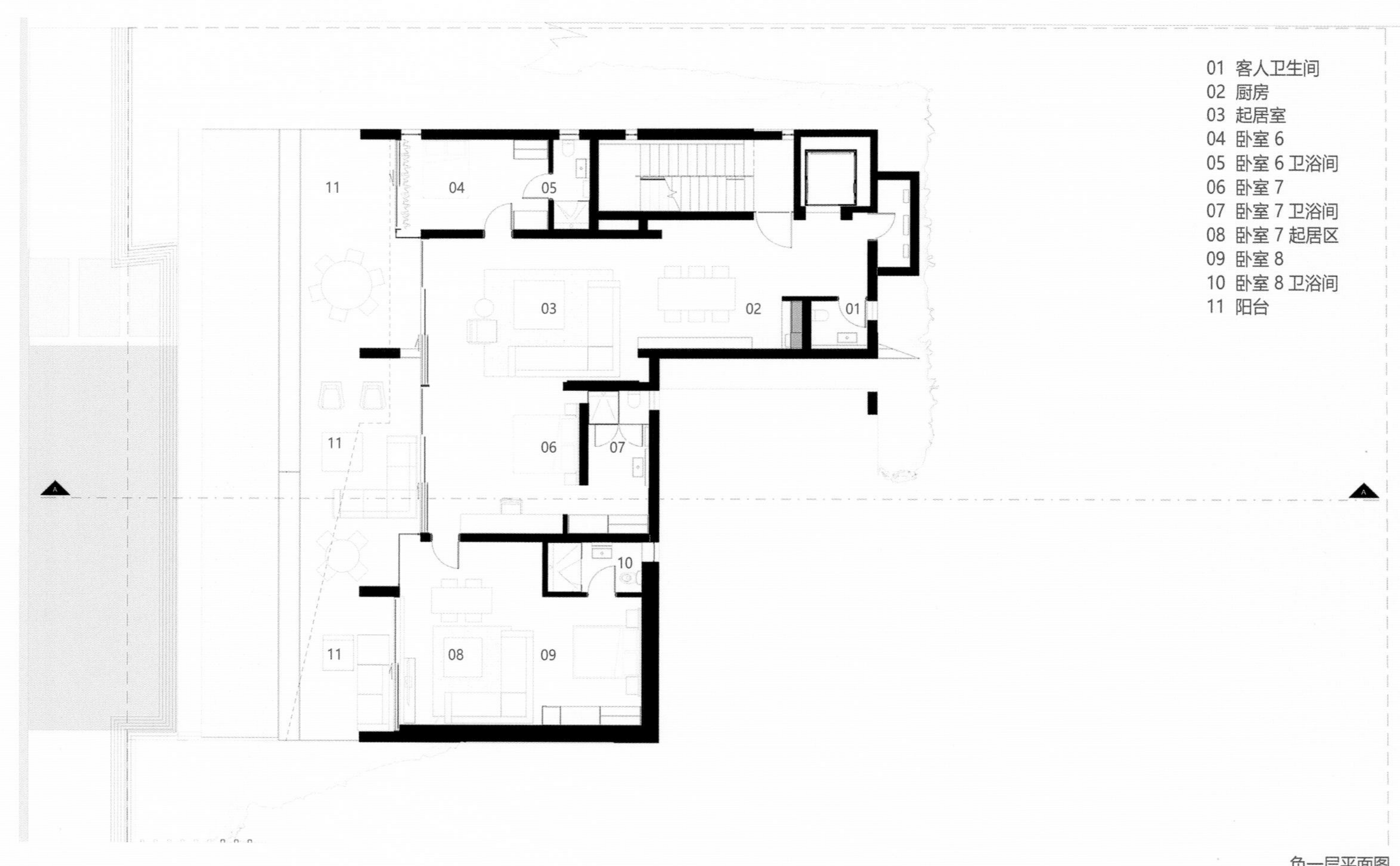

负一层平面图

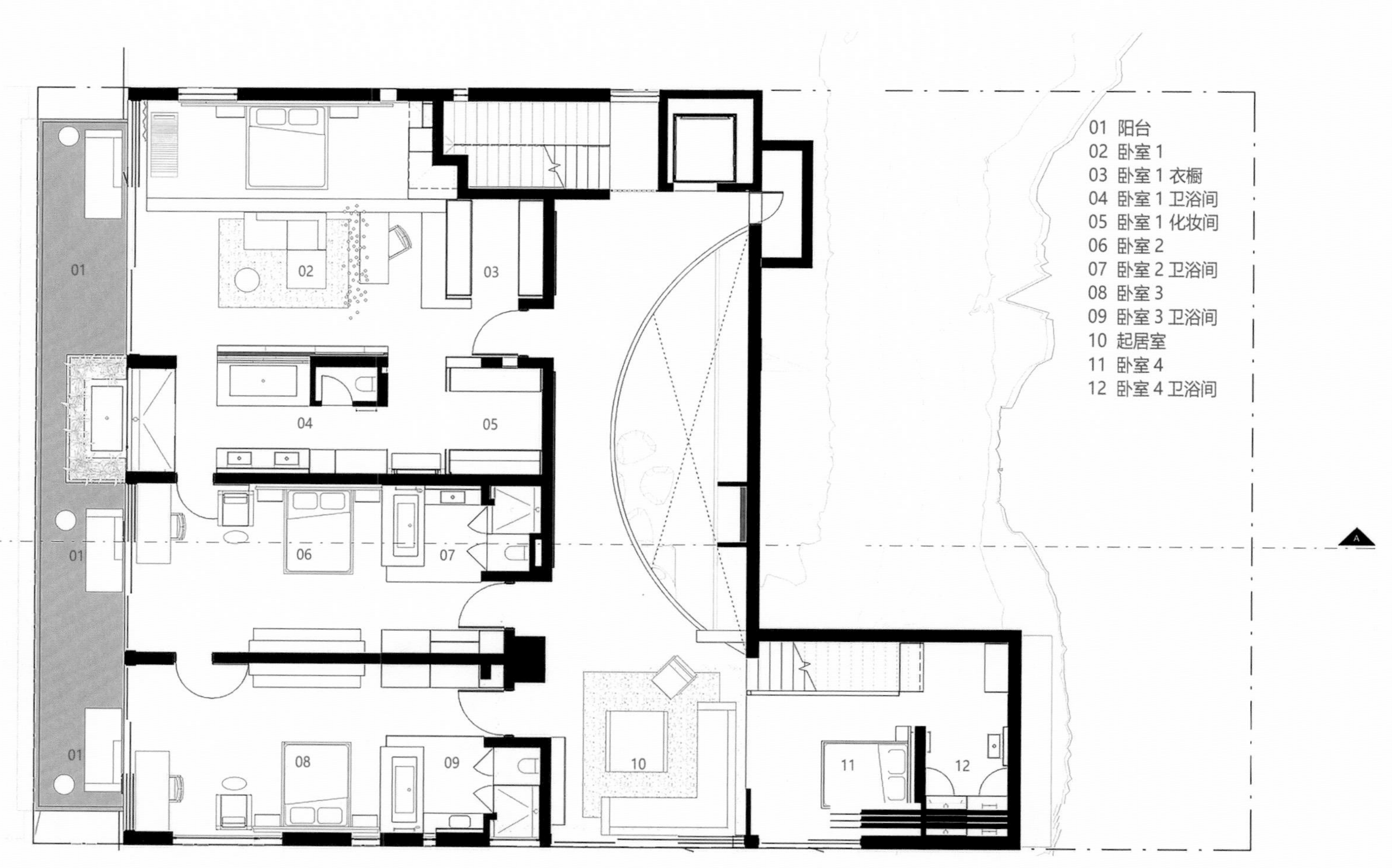
01 阳台
02 卧室 1
03 卧室 1 衣橱
04 卧室 1 卫浴间
05 卧室 1 化妆间
06 卧室 2
07 卧室 2 卫浴间
08 卧室 3
09 卧室 3 卫浴间
10 起居室
11 卧室 4
12 卧室 4 卫浴间

一层平面图

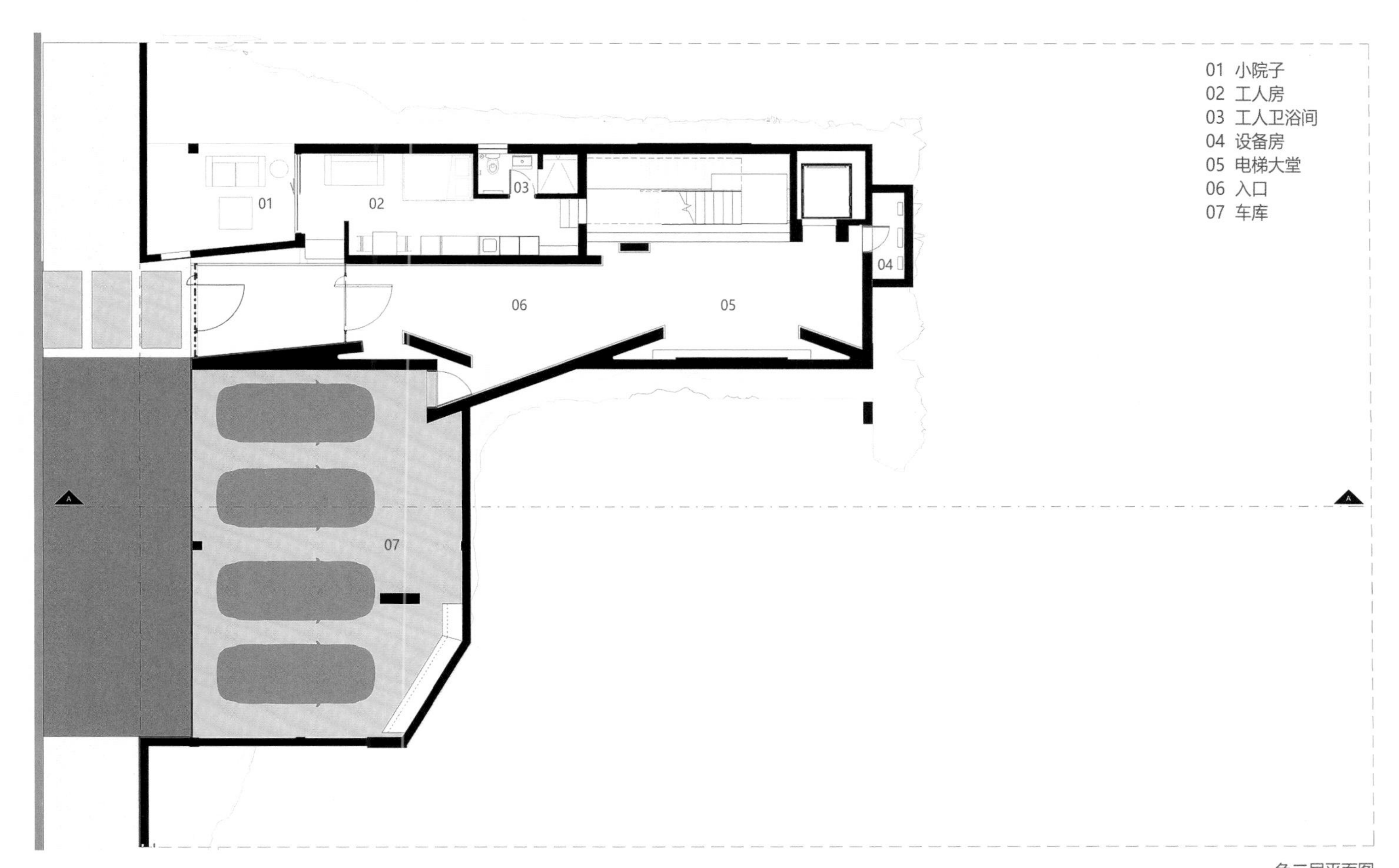

负二层平面图

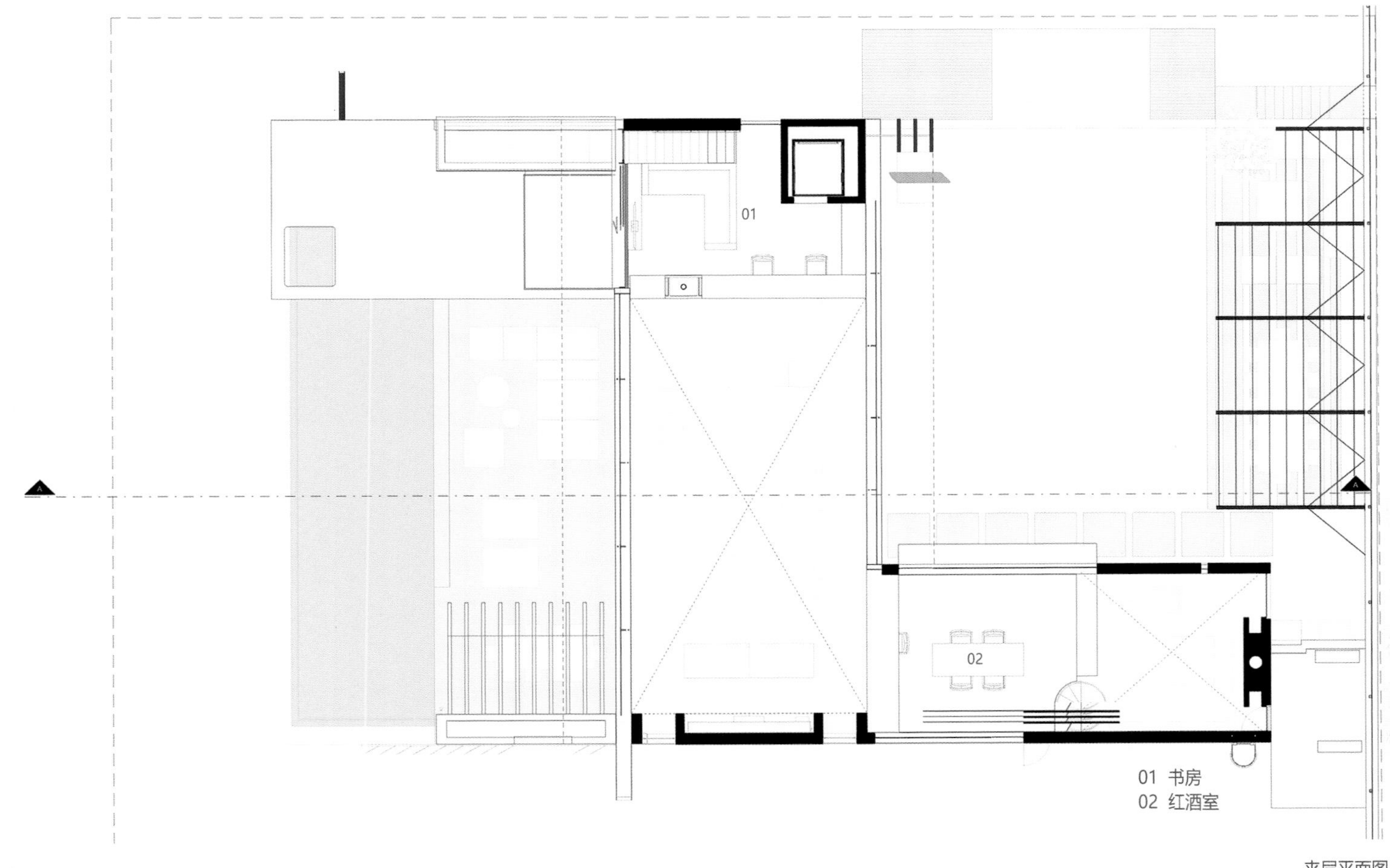

夹层平面图

DILIDO VILLA

迪利多别墅

项目概况

该别墅的设计是一个改造项目，原先的建筑自东向西面朝大海，又有往南延伸的部分，这一布局既能够避开夏日艳阳，还将海景最大限度地纳入眼底。于是设计师在原有结构框架基础上进行了充分的利用与改造，在南侧增加稍短的侧翼以扩充开放式的生活空间。以一种可持续的方式，重新创造了"贯通"于建筑内的全新空间体验，各个生活场景与场地的绝佳美景产生优雅互动。

Architect: SAOTA
Location: Miami, United States
Area: 1 670 m²
Photographer: Adam Letch

设计者：SAOTA 建筑事务所
项目位置：美国迈阿密
项目面积：1 670 平方米
摄影师：亚当 · 莱奇

从威尼斯风格的堤道进入并不十分显眼的入口，宽敞的双向车道围绕着葱郁的植物，无光玻璃打造的弧线形的屏墙将居住者引入宏伟的双层高大厅。进入住宅后，壮丽的海湾美景随着空间的深入逐渐展现在眼前。一系列雕塑般的结构和艺术品为中央空间带来活力，包括造型大胆的螺旋楼梯，以及从餐厅的双层高天花板垂挂下来的青铜屏风。后者将厨房和公共空间与东面更加正式的起居空间分隔开来。

所有主要的起居空间均沿着弧形的海岸线分布，包括较为私密的厨房、管家厨房和大型家庭房区域，以及更为开放和宽敞的大厅和书房。从入口处的水池到书房周围光滑平静的反射池，水元素贯穿了整个住宅，不仅让室外空间变得更加统一，还创造出一系列小型“岛屿”，将室内空间与海湾和游泳池连接起来。被顶篷遮盖的户外区域可直接通向宽敞的露台，房屋主人可以在平台的躺椅上享受日光浴，在功能齐备的酒吧区品味鸡尾酒，或在池边感受绝妙的水上用餐体验。两处可以停船的甲板使陆地与海面形成了流畅而无缝的衔接，并将水位线控制在安全的范围。

考虑到业主对宽敞空间的需求，设计师在中央核心筒的两侧设置了两个独立的侧翼，实现了开放性与私密性之间的平衡。二楼作为卧室层，包含了面向海景且配有热水浴缸和泳池的主人套房，以及为业主的三个女儿设计的三间水上套房。该楼层的下方是更加开放的起居空间，上方则设有一个预氧化的铜制屋顶——该设计与周围设计于 20 世纪初期的意大利风格住宅形成了呼应，呈现出一种薄而锋利的观感。在该楼层的上方是一个可乘坐电梯抵达的屋顶露台，这里设有第二间酒吧、一个火炉区以及一个热水浴缸，从这里能够俯瞰到迈阿密令人惊叹的城市夜景。

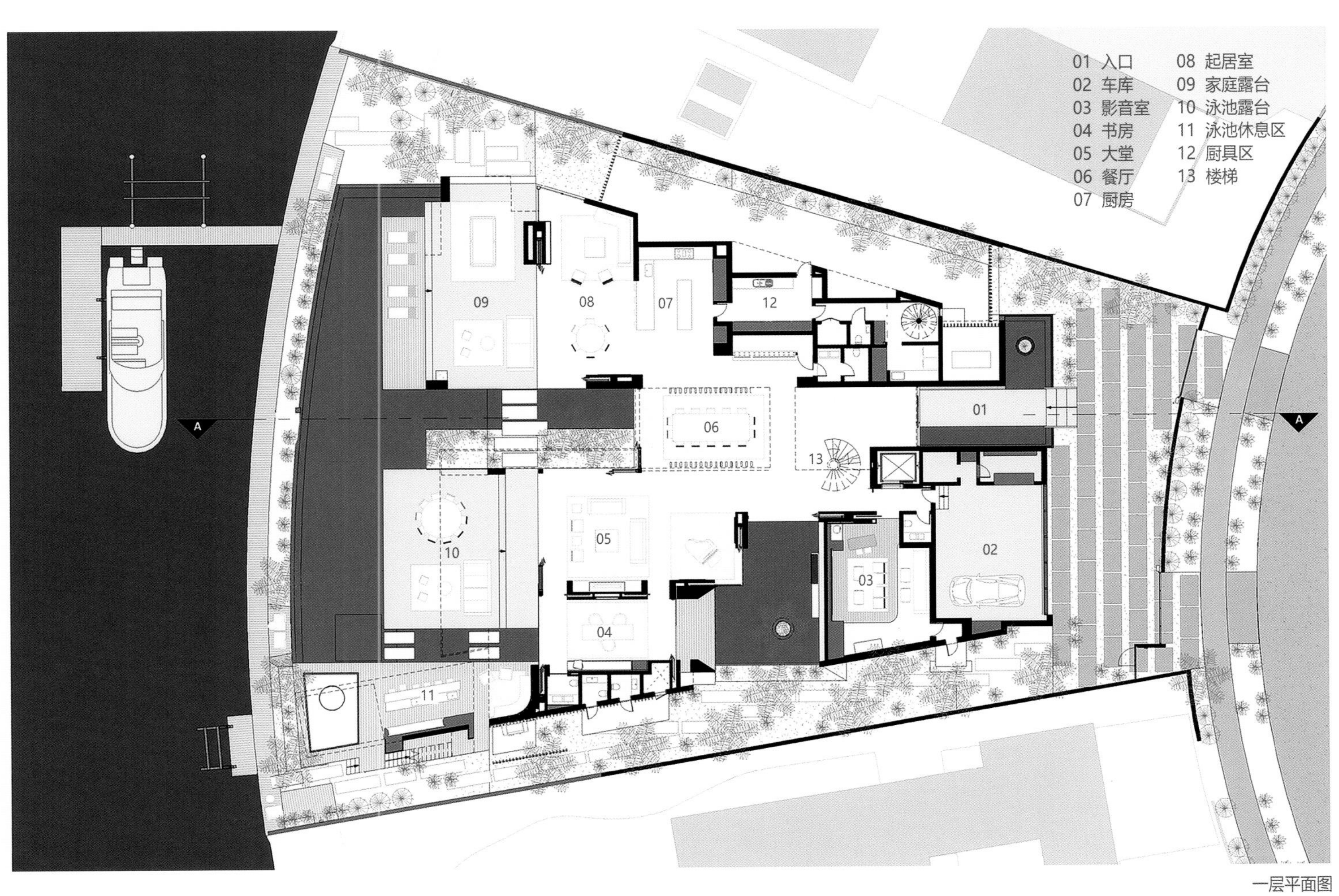
01 入口
02 车库
03 影音室
04 书房
05 大堂
06 餐厅
07 厨房
08 起居室
09 家庭露台
10 泳池露台
11 泳池休息区
12 厨具区
13 楼梯
A
A

一层平面图

住宅中的材料兼顾了丰富性、统一性和实用性，与游艇类似的属性使其能够抵挡强风的侵扰，同时保持优雅而大气的观感。清爽的白色灰泥、暖灰色的沙岩和青铜材质的细部共同营造出一种低调却奢华的气息，丰富的纹理更为之增添了额外的张力，在钴蓝色水池和草绿色景观的映衬下，住宅整体呈现出一种理性、精致而又令人感到放松的美感，同时具有极其现代化的居住体验和家庭的舒适感。

AI WEIWEI

01 挑空
02 卧室
03 健身房
04 工人房
05 楼梯
A
A
01
02
02
02
02
02
03
04
05

二层平面图

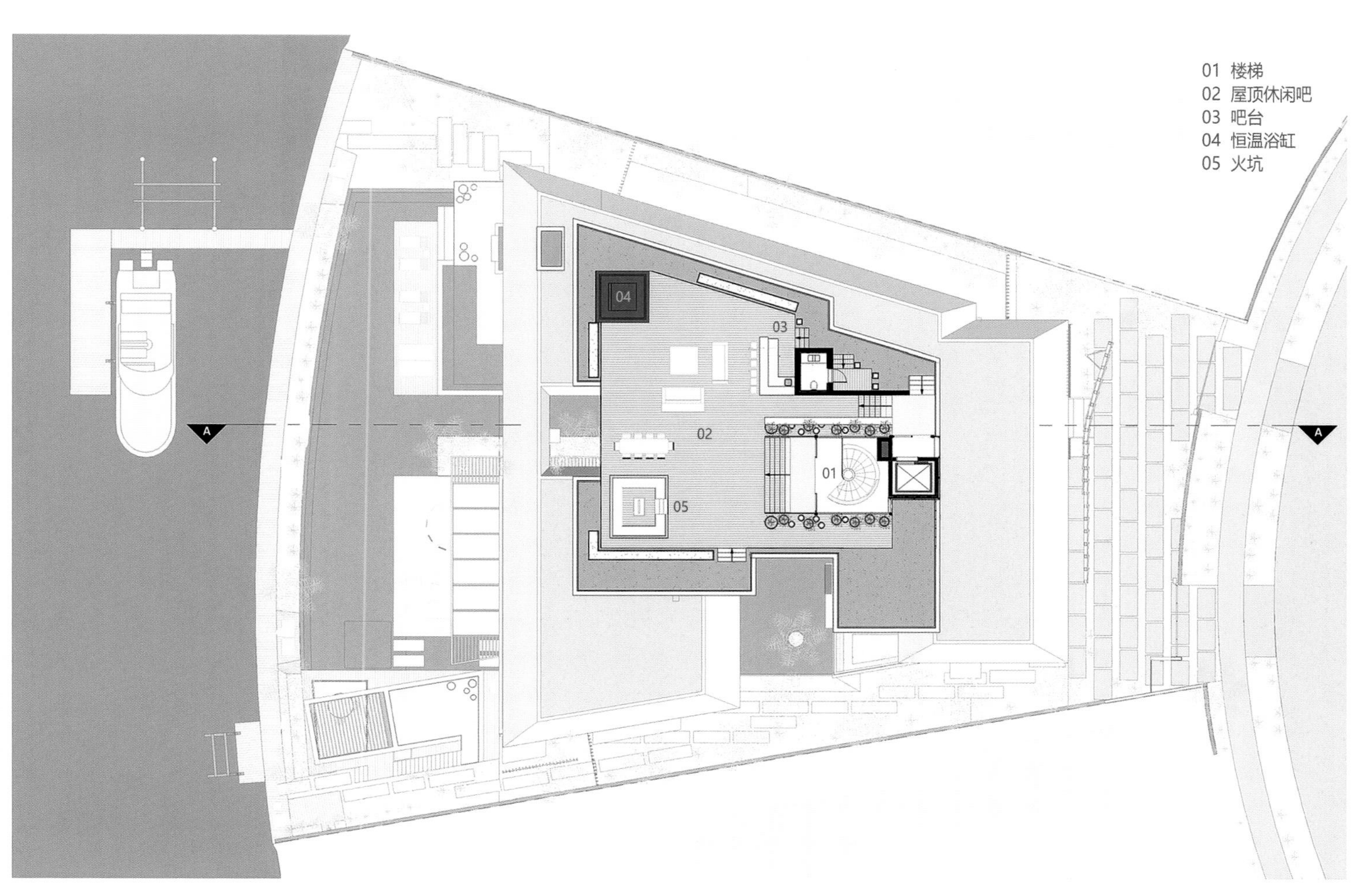
01 楼梯
02 屋顶休闲吧
03 吧台
04 恒温浴缸
05 火坑
A
A
01
02
03
04
05

三层平面图

ULUWATU HOUSE

乌鲁瓦图住宅

项目概况

SAOTA 建筑事务所在位于巴厘岛南部半岛乌鲁瓦图（Uluwatu）风景区创造了一座现代而豪华的度假别墅。该别墅以地理位置命名为“乌鲁瓦图住宅”，其设计灵感来自于当地的地理环境以及周围令人难以忘怀的美景。设计团队精心设计，就地取材，使别墅的室内空间和外部环境融为一体，打造了一个宁静而优雅的度假空间，与巴厘岛非凡的自然景观相得益彰。

Architect: SAOTA
Location: Bali Island, Indonesia
Area: 1 863 m²
Photographer: Adam Letch

设计者：SAOTA 建筑事务所
项目位置：印度尼西亚巴厘岛
项目面积：1 863 平方米
摄影师：亚当 · 莱奇

成排的棕榈树为大型入口庭院营造出一种庄严的仪式感，超大块楼梯像是层层漂浮在水景上，别墅正面的一体化石砌墙体塑造出独特的效果。主入口大堂设置在别墅的核心区域，休息客厅、餐厅、户外休闲平台、凉亭以散点式布置于核心四周，建筑物和凉亭以入口大堂为核心向外辐射，庭院和露台穿插其中。

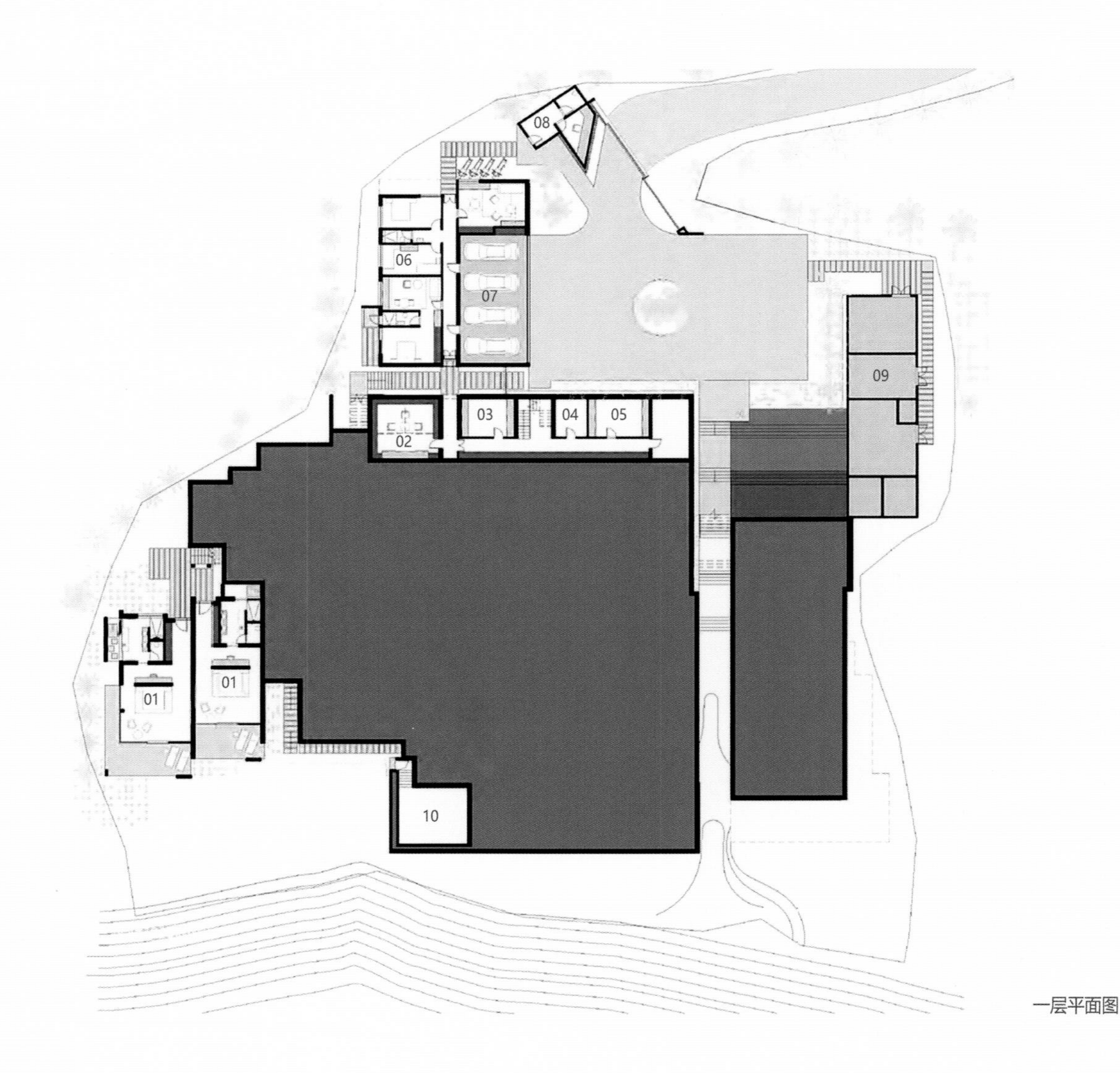

一层平面图

该别墅东面朝海，场地规模较大，使设计能够适用度假酒店般的布局，设计师采用零散的布局把起居空间和卧室设计成独立的，将室内和室外的空间有机地编织起来，同时将庭院、花园、露台巧妙地织入了建筑中，以景观组团形式和自然主义的种植方式，实现了景观和建筑的有机融合。部分景观的设计使用岩石废料，岩石废料的运用使景观更接近原有的自然环境。

因为建筑空间与外部庭院交织在一起，所以动线在建筑和景观之间穿梭，营造出一个层次丰富的场所，这种无缝衔接的室内外生活场景也是对巴厘岛气候的回应。一系列带遮阳棚的室外空间、庭院、凉亭和露台为各种户外体验提供了不同程度的遮阳效果。开放的建筑设计有助于海风的流入，如果中午的天气过于严热，业主可以回到完全封闭的生活区域。

从美学和风格上来说，SAOTA 建筑事务所从本土建筑的质感与元素的独特混合中获得灵感，这在当地传统庙宇和现代建筑中都可以看到。别墅大堂的特色是一面大型的“纪念墙”，墙面是深色的本地手工石材，有机风化赋予了它自然的铜绿，有极强的本土感和历史感。

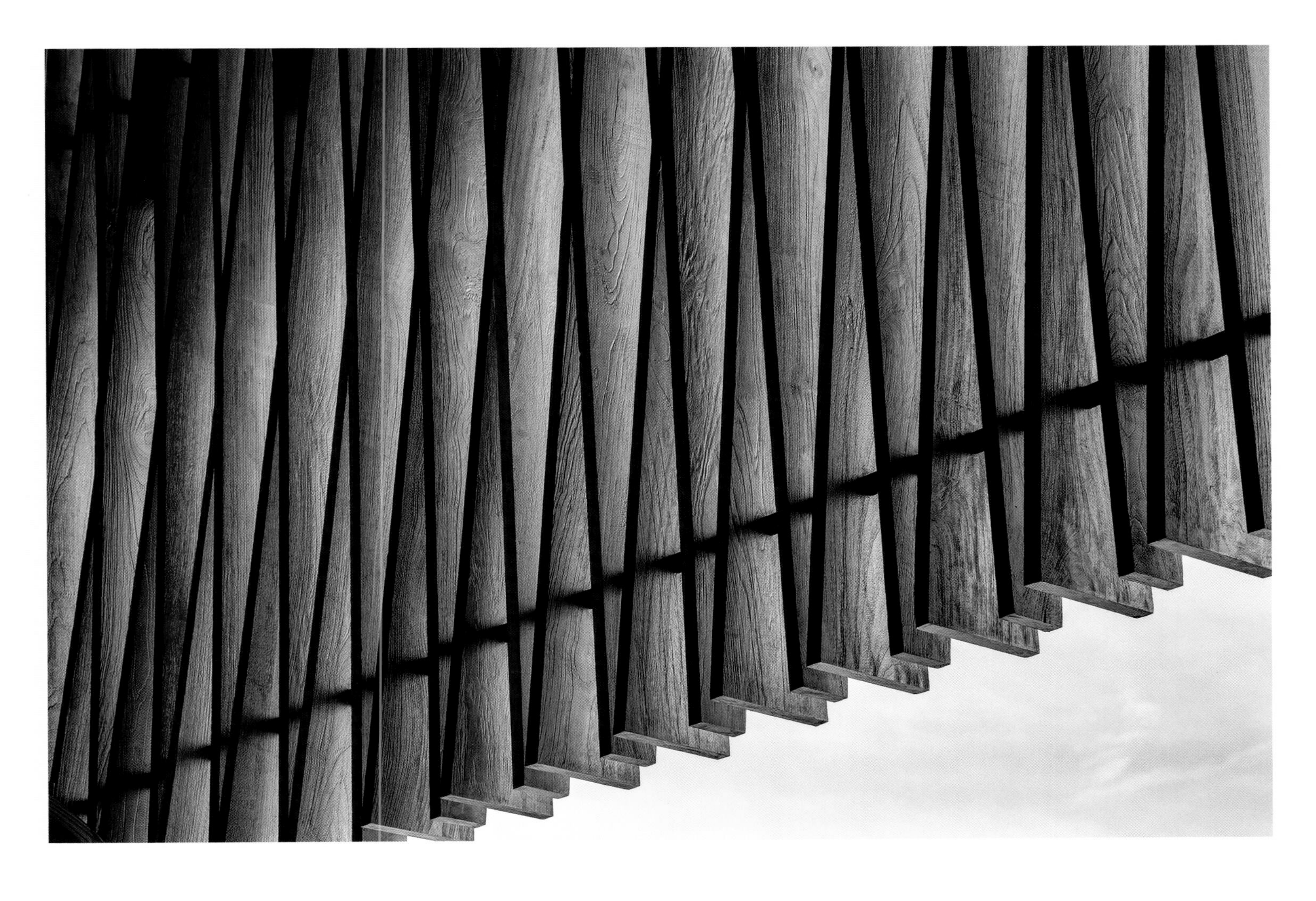

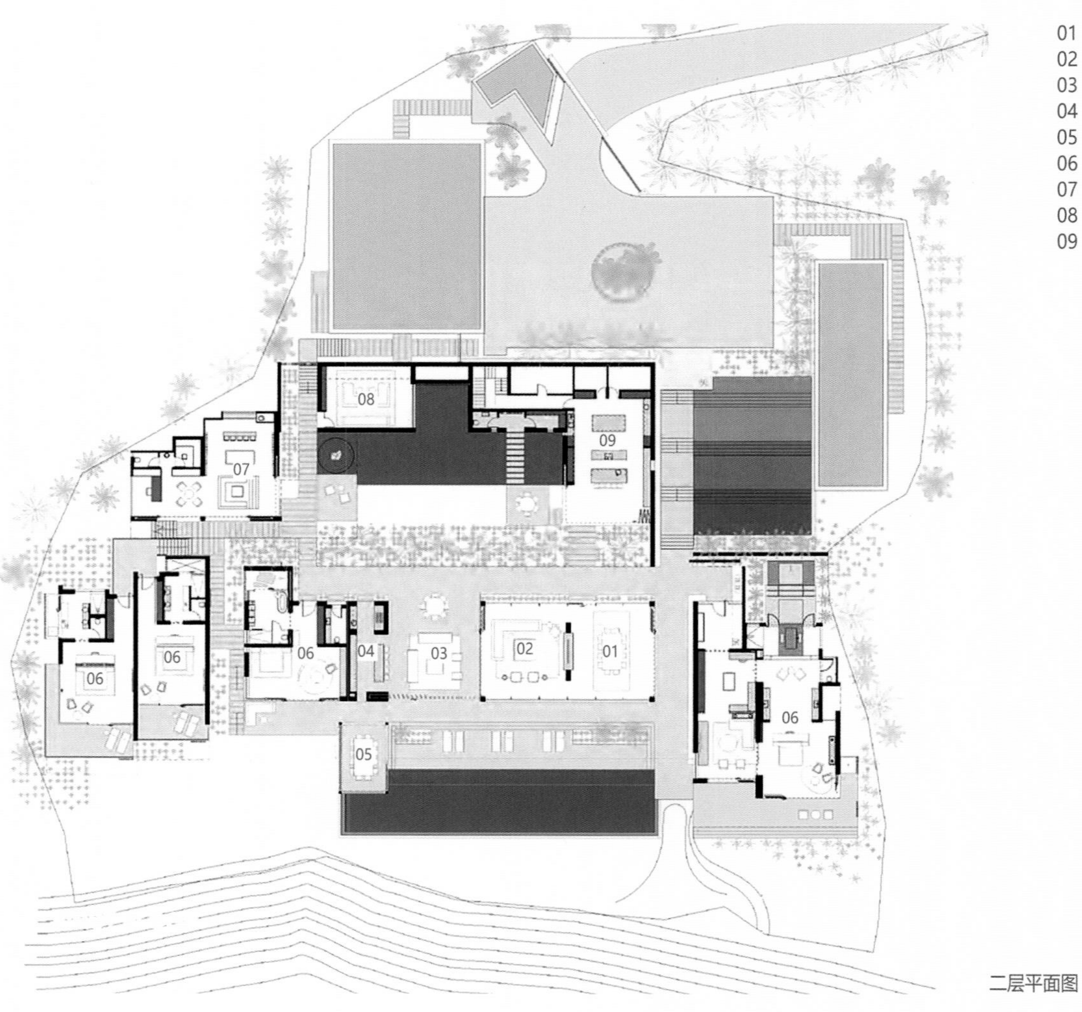

二层平面图

NOYACK BAY HOUSE

诺亚克湾别墅

项目概况

Grade New York 工作室和 SAOTA 建筑事务所合作完成了位于纽约诺亚克湾（Noyack Bay）的一座现代别墅。该别墅既提供了宽广的公共区域，又很好地保护了私人休息空间的隐私。厨房和餐厅是该别墅的核心，厨房向室外用餐区开放，远处的游泳池无缝地融入海湾。主卧室套房离客厅较远，拥有诺亚克湾的全景视野。该别墅还有一个环绕屋顶的露台以及一个私家花园。

Architect: SAOTA, GRADE New York
Location: New York, United States
Area: 1 068.38 m^2
Photographer: Richard Powers

设计者：SAOTA 建筑事务所，Grade New York 工作室
项目位置：美国纽约
项目面积：1 068.38 平方米
摄影师：理查德·鲍尔斯

在纽约无人不知长岛的美丽海景，但是那里的房地产已经很成熟，要建别墅有很多的条件制约。然而，对热爱大海的人来说或许还有更好的选择——北黑文，这里可以俯瞰诺亚克湾，地理位置极佳且远离喧嚣，更重要的是这个位置非常适合观看海上日落，可以欣赏到海湾和天空全景。业主在此处已有一套滨海的现代平层木房子，因为年代已久，需频繁维修，他们计划建一套新别墅。

整个别墅都可以看到诺亚克湾的景色，建筑材料以石材和木材为主，外立面突出部分是白色铝板，百叶窗状的白色铝质遮阳板悬在房子的上方，以微妙的方式向 20 世纪中叶设计师皮尔·柯宁格（Pierre Koenig）的贝利住宅（Bailey House）致敬。通过巨大的石块台阶来到前门，门是玻璃制作的，视线可穿透大门、客厅和后院落在黑河石砌成的深色水池上，水池又和远处的海、天空连成一个整体景观。几棵树点缀在整洁的方形后院中，远处的海湾被阳光照耀着，水天一色，这是一个远离尘嚣、与世隔绝的小天堂。

该场地是一块沙土成年累积沉积成的带状地块，“真是惊喜到令人无法描述。”建筑师马克·布利文（Mark Bullivant）赞叹道。他是世界著名豪宅设计事务所 SAOTA 建筑事务所的五名董事之一，负责管理 SAOTA 建筑事务所的美国事务所，他们的作品从迈阿密分布到洛杉矶，该项目完美地运用了混凝土、钢材和平板玻璃建筑组合。

被拆毁的老房子原来是一个简单的矩形结构，业主希望新的别墅从地段的一端延伸到另一端，要求建筑在风格上有些变化——将 20 世纪中叶南加州现代主义风格与泰国度假胜地的奢华、水疗中心的宁静氛围融合在一起。

SAOTA 建筑事务所在概念早期就加入了该项目，后来和 Grade New York 工作室联手打造了这栋别墅，Grade New York 工作室将壁炉从客厅的中央挪到墙壁上，从而改善了空间的流动性，并建议壁炉烟囱使用超大面积的意大利大理石板，壁炉下部设计成不对称的，基座上衬有著名陶工克劳德·康诺佛（Claude Conover）制作的标志性作品。

I AM NO ONE
HAMPTONS
VERNER PANTON

室外木材采用的是坚不可摧的巴西硬木，室内墙面的格栅条则用橡木制作，表面染有浅棕色。

HOUSE OF SAND

沙丘之家

项目概况

该项目前方就是地中海，场地雄伟的山丘保护了海岸免受风暴侵袭。场地的现状定义了项目的造型，即通过彼此垂直布置的两个体块来实现。

Architect: Fran Silvestre Arquitectos
Location: Valencia, Spain
Area: 313 m^2
Photographer: Diego Opazo

设计者：弗兰西尔维斯特建筑事务所
项目位置：西班牙瓦伦西亚
项目面积：313 平方米
摄影师：迭戈 · 奥帕佐

为了能更好地欣赏海景，房子的布局方案与传统相反。日间活动区域布置在较高楼层，可以俯瞰山丘；而低楼层屋顶作为眺望楼，面朝大海，夜间区和入口位于该层。公共动线在该层的泳池区域，卧室一侧通向一个美丽的后花园，花园中栽植了当地的特色植物。

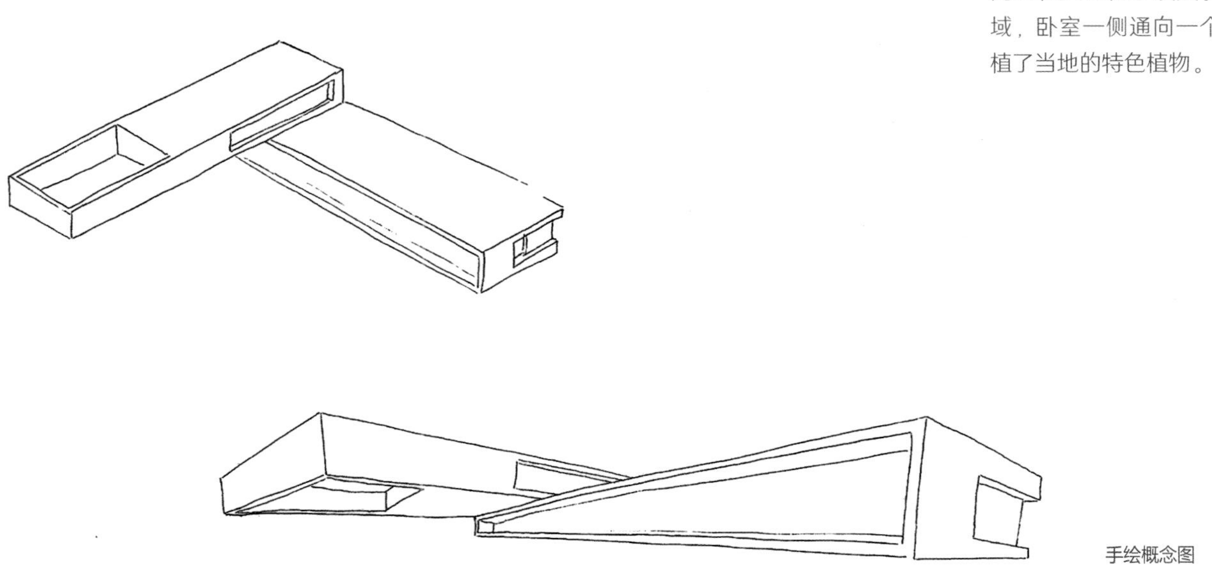

手绘概念图

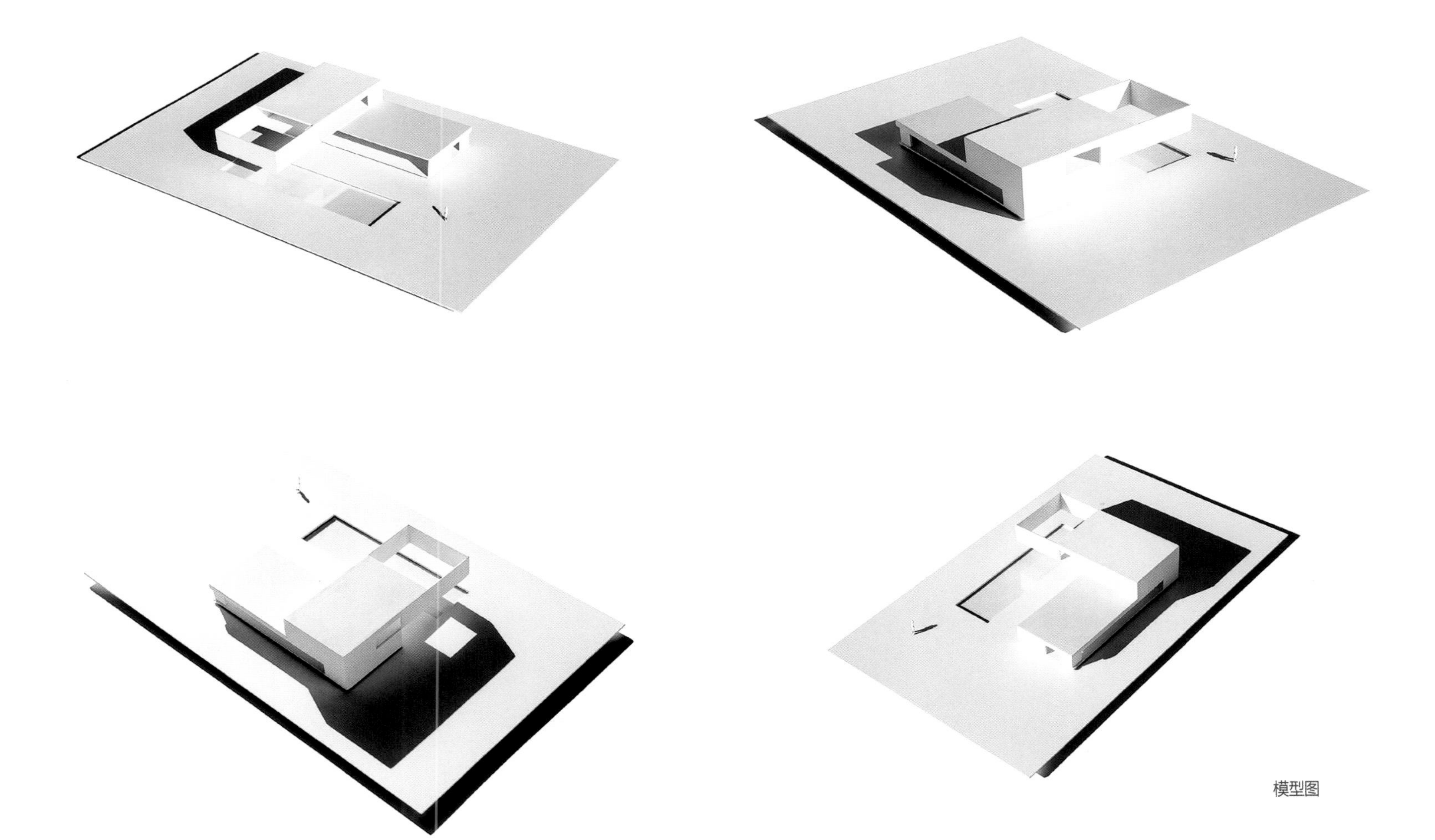

模型图

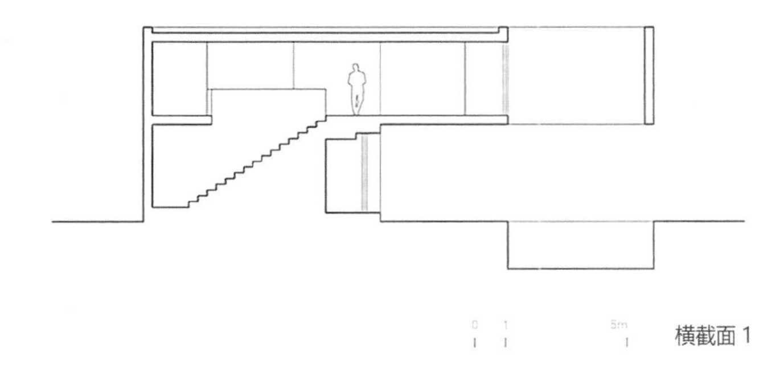

横截面 1

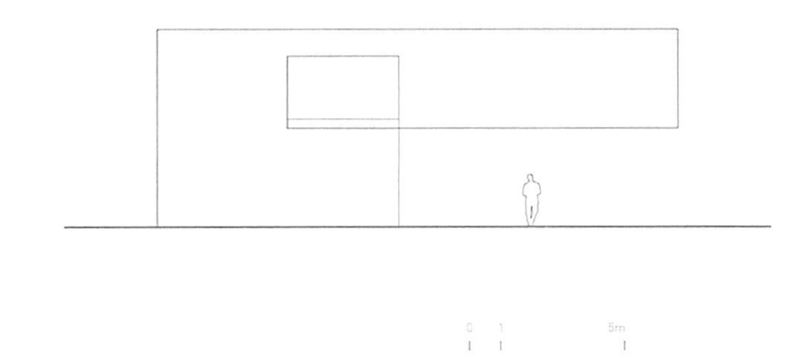

西立面图

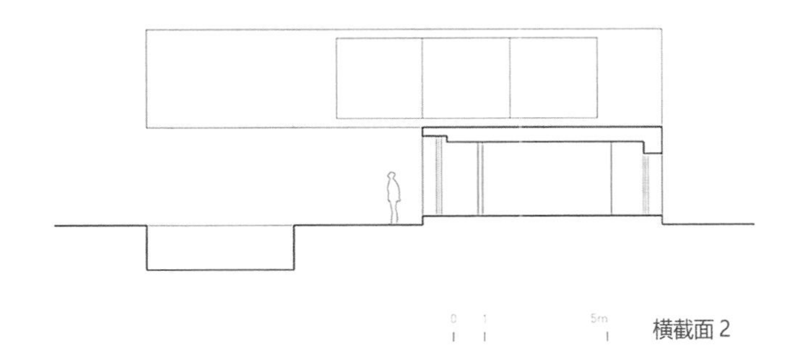

横截面 2

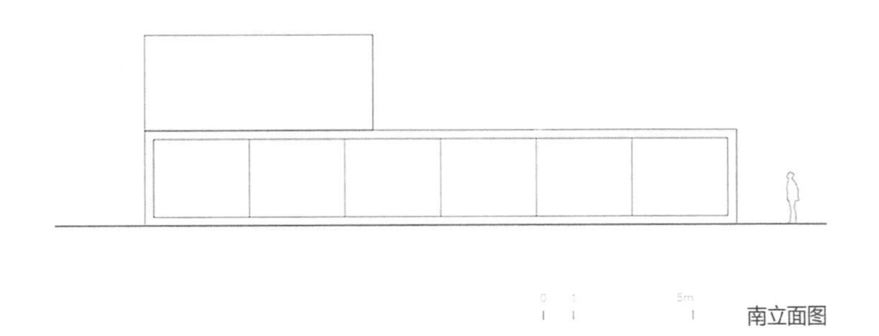

南立面图

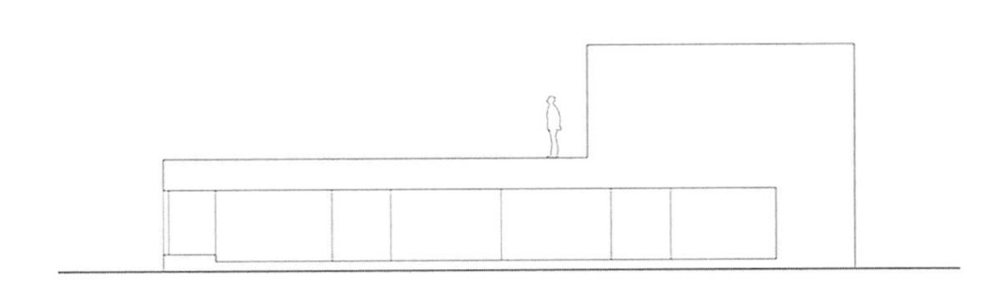

北立面图

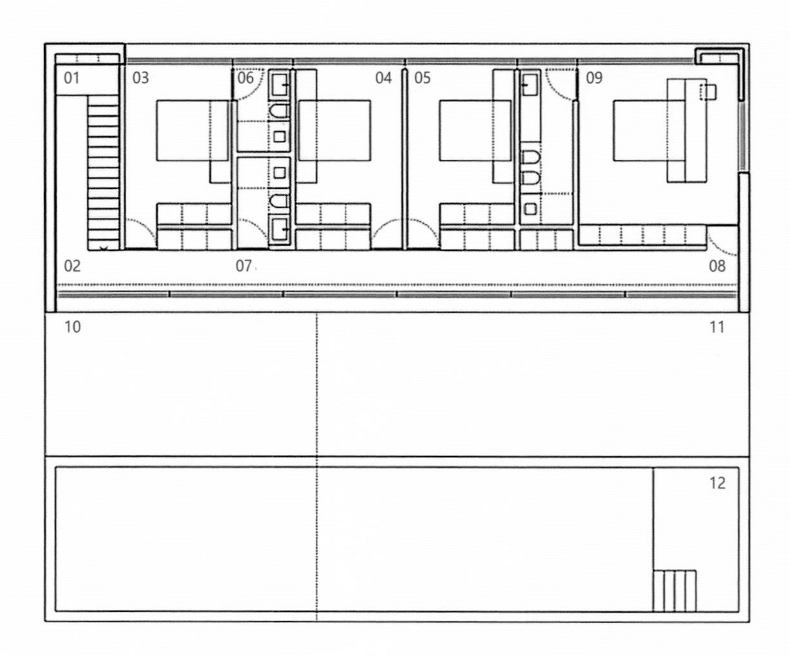

01 楼梯
02 走廊
03 卧室 01
04 卧室 02
05 卧室 03
06 浴室 01
07 浴室 02
08 主卧室
09 主浴室
10 带顶的露台
11 户外露台
12 游泳池

0 1 5m

一层平面图

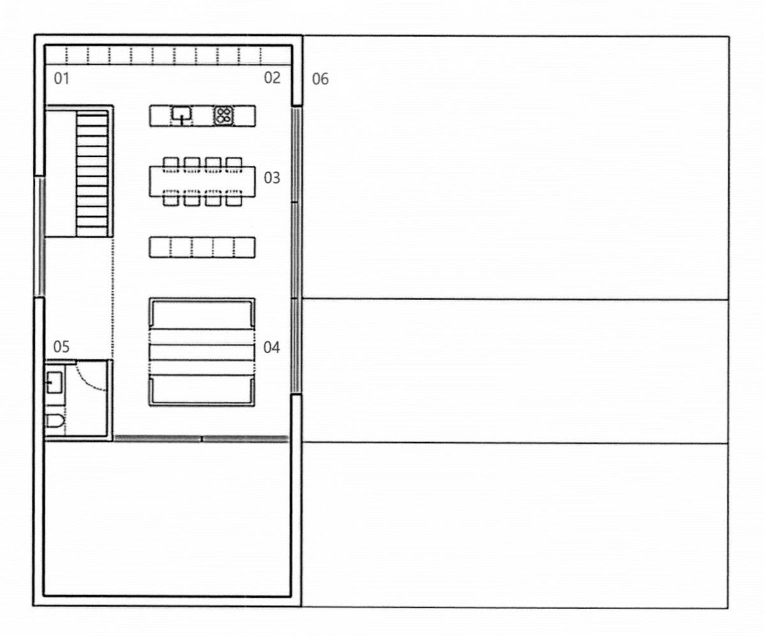

01 楼梯
02 厨房
03 餐厅
04 客厅
05 卫生间
06 日光浴

0 1 5m

二层平面图

上层悬臂结构的末端是向天空敞开的回廊，回廊既保证了主要房间可以从南方采光，也保证了房间的私密性，还为低楼层提供了遮阳。入口和楼梯被设置在两个体块的叠加处。

两个体块的造型完美契合了场地的环境，使居住者更好地欣赏风景，同时创造了巧妙的遮阳方式。

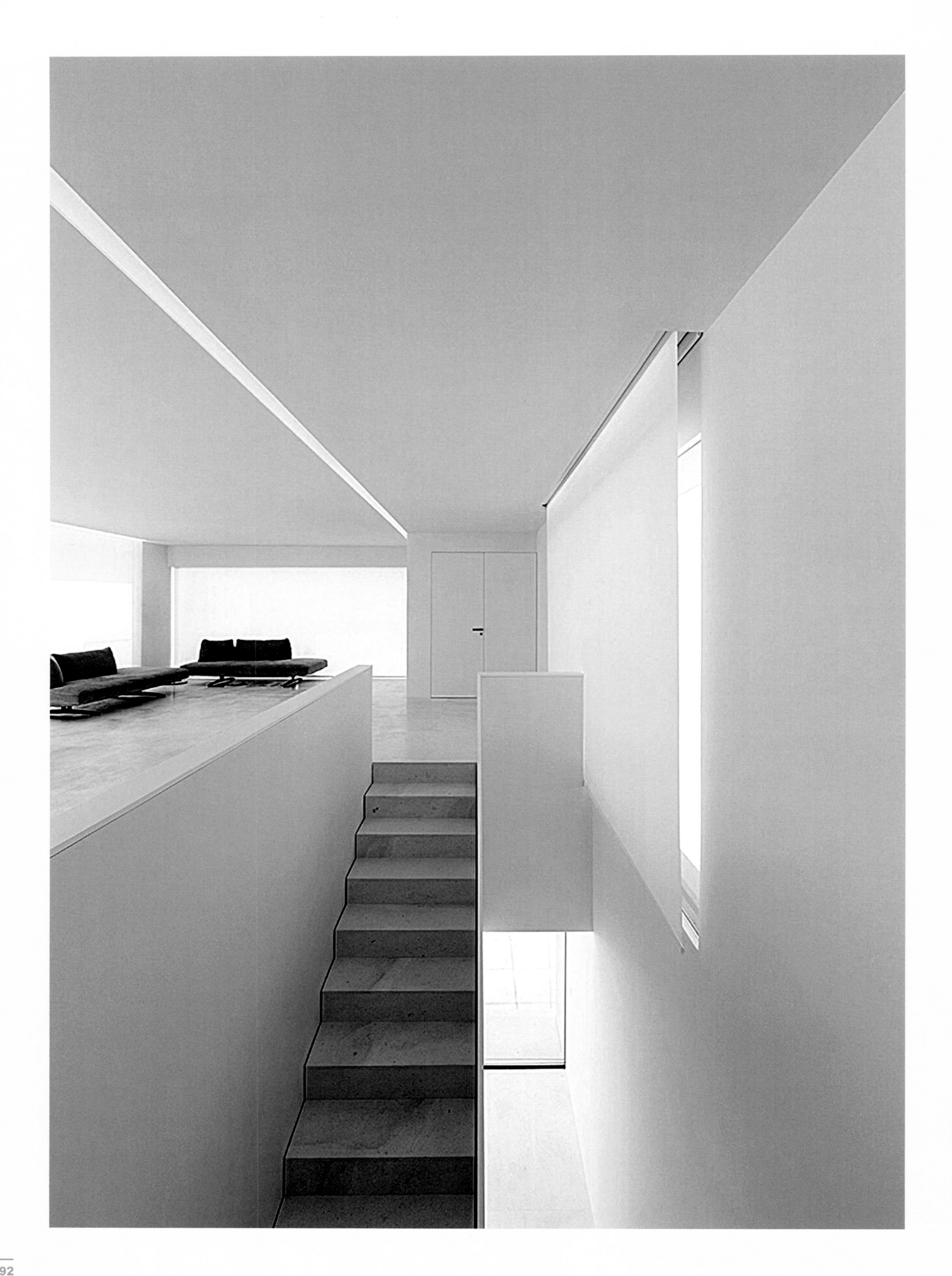

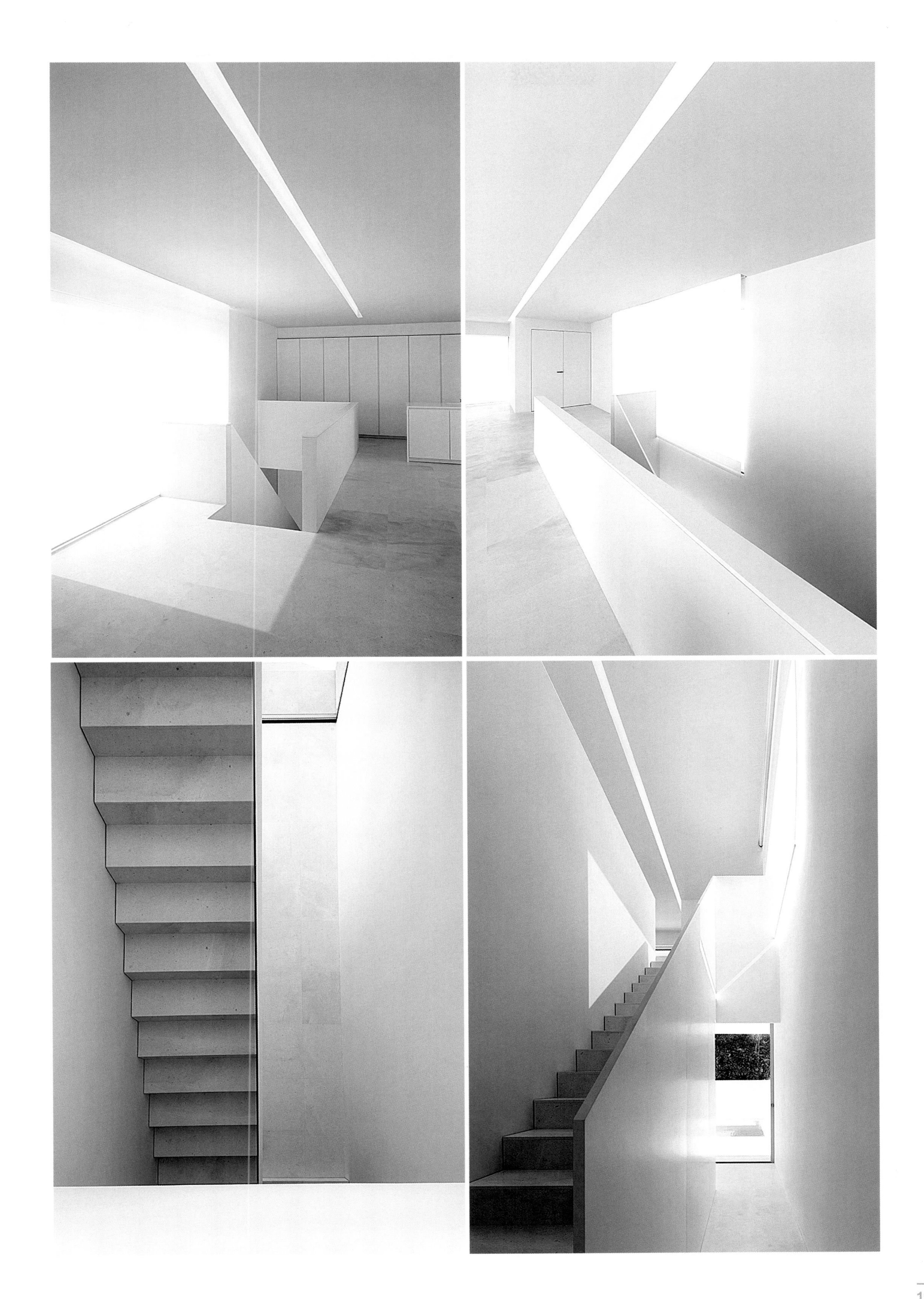

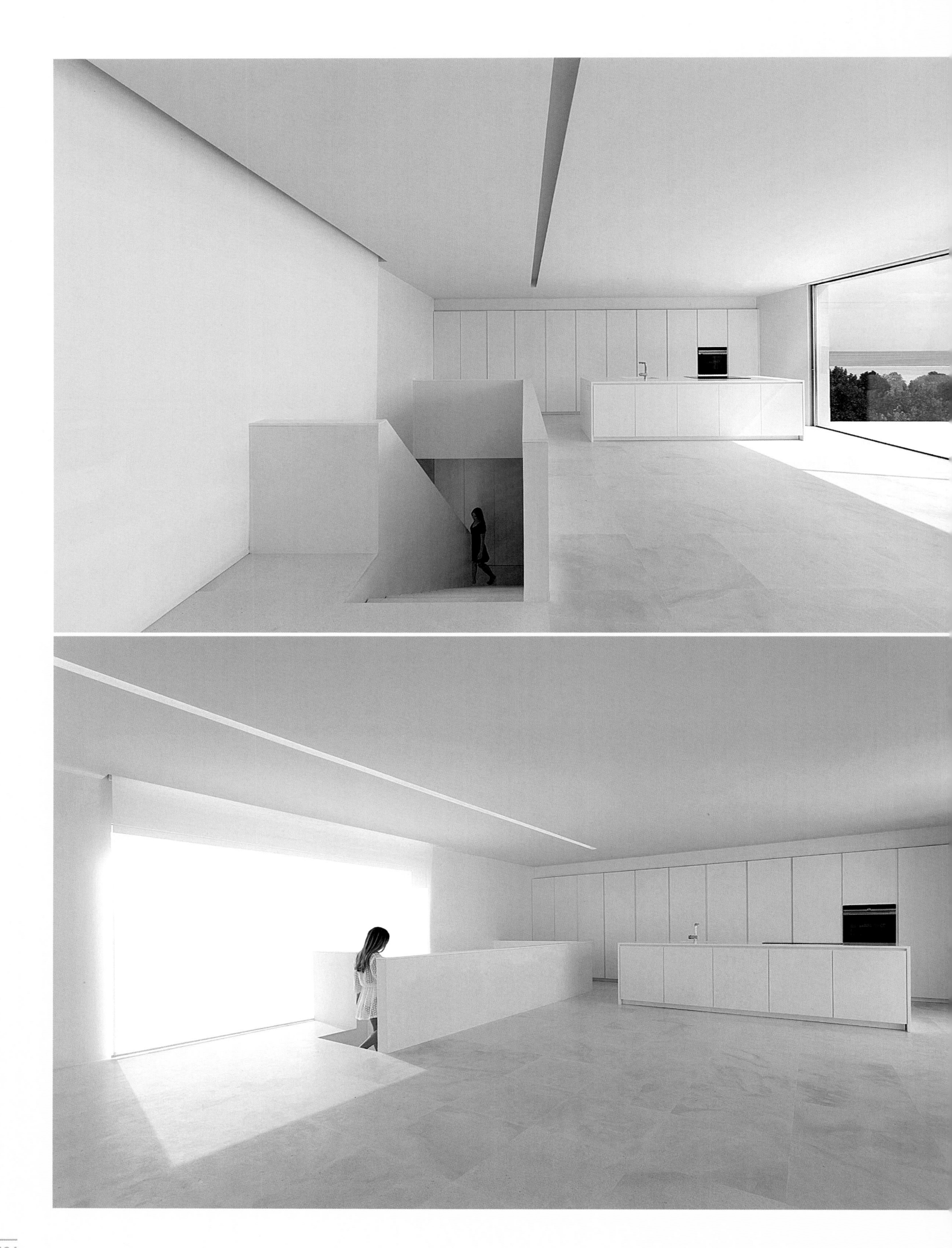

屋顶平面图

CLIFTON 301 RESIDENTIAL

克利夫顿 301住宅

项目概况

由 SAOTA 建筑事务所和 OKHA 工作室联手打造的克利夫顿 301 住宅是一套双层公寓，属于依山而建的克利夫顿综合住宅项目的一部分，地处开普敦大西洋海岸高档社区，周围分布着南非最贵的一些住宅物业，以及细腻的白沙滩、陡峭的悬崖和风景秀丽的狮头山。建筑设计由 SAOTA 建筑事务所操刀设计。由于四周遍布豪宅，私密性变得十分重要，因此，建筑中加入了棱角分明的立面设计，这是建筑师和业主们共同参与完成的。

Architect: SAOTA, OKHA
Location: Cape Town, South Africa
Photographer: Adam Letch, Peter Bruyns

设计者：SAOTA 建筑事务所、OKHA 工作室
项目位置：南非开普敦
摄影师：亚当 · 莱奇、彼得 · 布鲁因斯

建筑兼顾了视野和私密性。在遵循当地环保部门要求的前提下，建筑师还扩大了楼间距，从而创造了更多的绿化空间。每个楼层均建有伸出的侧墙和横向的绿廊，组成了一道垂直的屏障，设计巧妙的景观绿化进一步保护了业主的隐私。但是在视觉上，这部分景观设计缩短了两栋相邻别墅之间的距离感——与当地其他住宅相比略大，营造出一种清幽宁静的氛围。

Architect: ARRCC
Location: Kruger National Park, South Africa
Area: 6 500 m^2
Photographer: Adam Letch

设计者：ARRCC 工作室
项目位置：南非克鲁格国家公园
项目面积：6 500 平方米
摄影师：亚当·莱奇

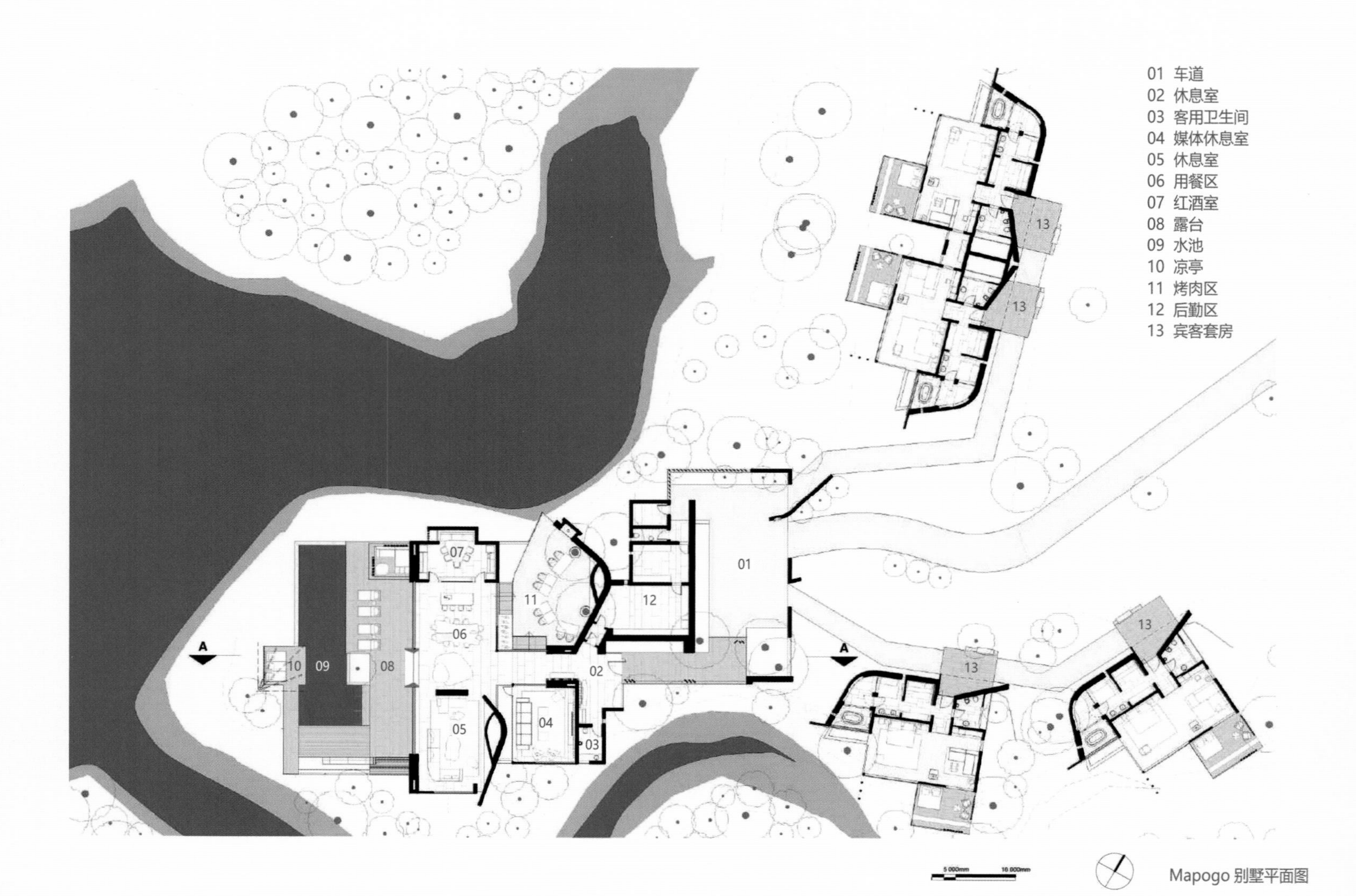

Mapogo 别墅平面图

小屋建筑形式非常纯净，棱角分明，开放的造型使建筑内部与外部之间无缝衔接，让访客在项目中轻松、自由地活动，融入并沉浸在这片大草原中，而不是一个过客或旁观者。设计师介绍说：“空间的存在是为了丰富人们对大自然的体验，把室内外打造成一体是与自然更和谐，而不是用设计去模仿自然景象。”

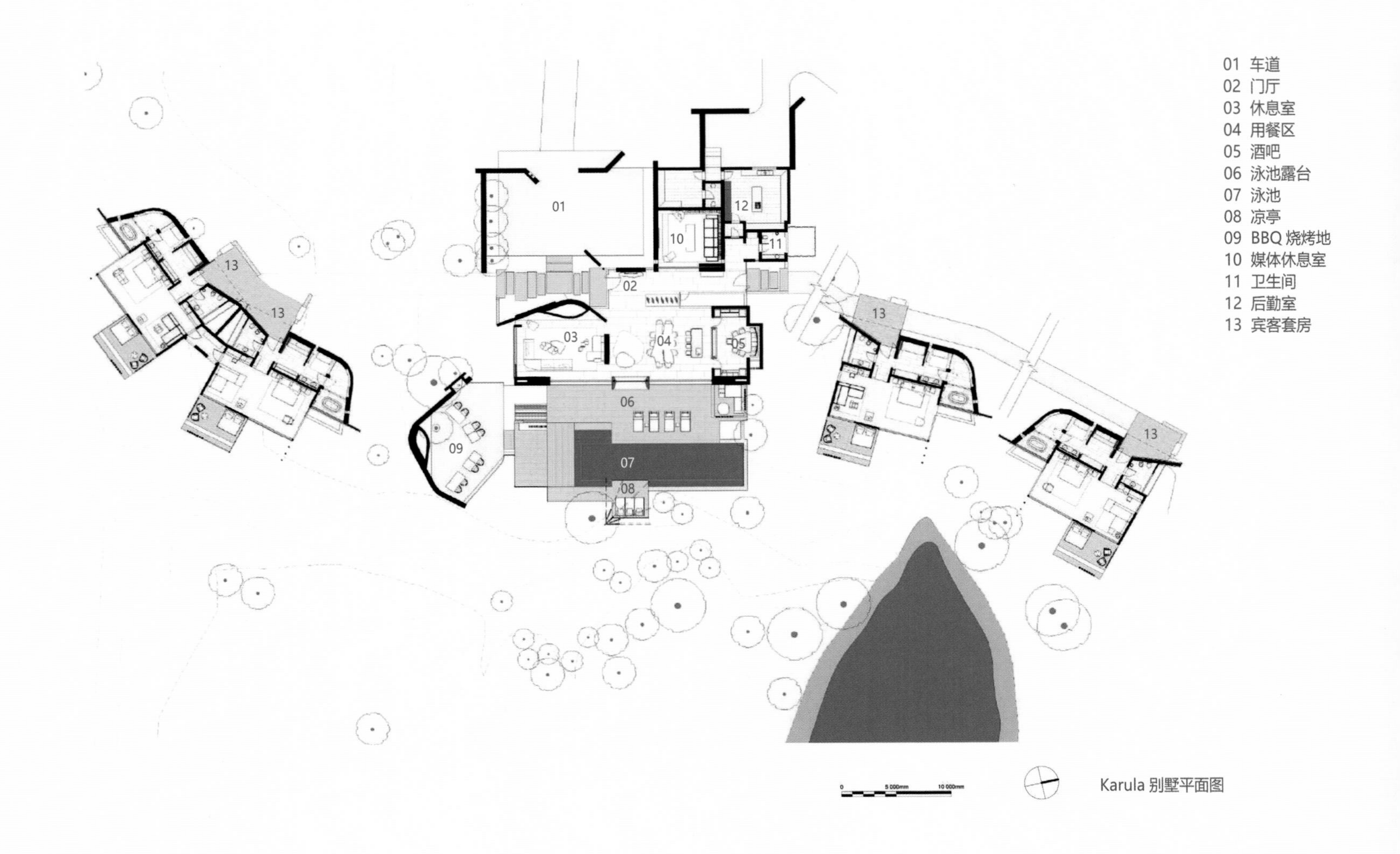

Karula 别墅平面图

室内的设计是自然主义与极简主义的结合，营造出一种简约、质朴的美学体验，设计师大量使用本地的自然材料，如云母石、实木以及耐腐蚀的钢材，体现出强烈的地域风情。

小屋的石墙、混凝土、风化的钢材，展现了野性的质感，这些材料都带有记忆的功能，将随着时间的推移、天气的变化而变化，最终与非洲大自然融为一体。

设计在质朴而略带野性的基调下，悄然加入了柔软和精致，富有纹理的面料、经过老化处理的皮革和木纹，又与亮丽的金色、青铜色和黑色细节相映成趣。有机的自然形态被抽象提炼并转化为室内设计的图案、造型，例如亭子的造型。

设计师介绍说：“我们的生活方式是现代的，大自然是原始的，正是这种真实的对比才产生了一种美丽的张力。”黑色壁炉弯曲的钢制烟道，恰好与建筑的直线构成巧妙的对比。墙壁上装饰着精心挑选的南非原创艺术作品，许多家具都是由 ARRCC 工作室与开普敦 OKHA 工作室以及当地工匠共同合作定制完成。

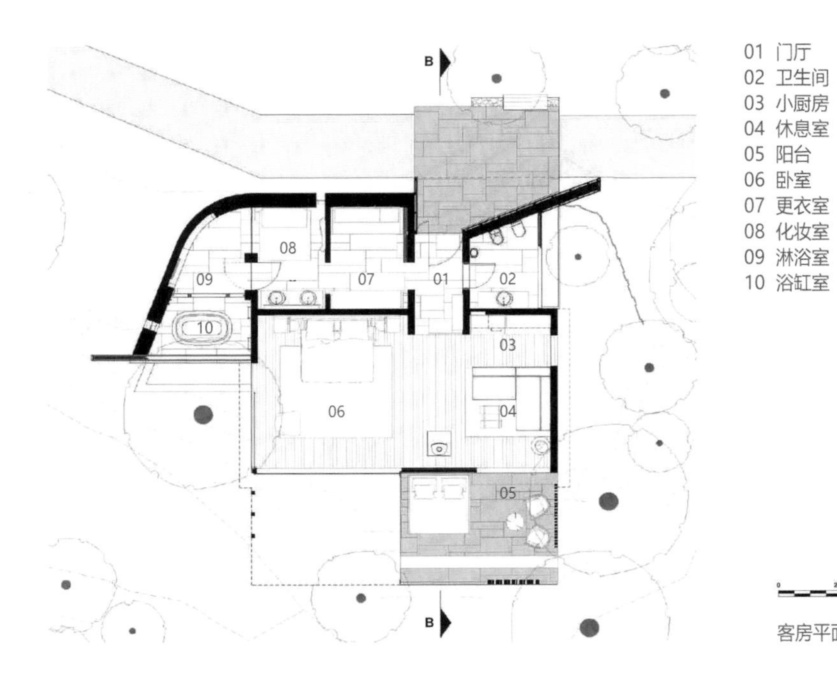

01 门厅
02 卫生间
03 小厨房
04 休息室
05 阳台
06 卧室
07 更衣室
08 化妆室
09 淋浴室
10 浴缸室

客房平面图

FIDJI VILLA

菲吉别墅

项目概况

卡普里尼和佩勒林建筑事务所改造了这幢建于 20 世纪末的别墅。项目位于法国昂蒂布，原别墅是一幢典型的普罗旺斯风格别墅，外部装饰着传统的铁艺栏杆。建筑师精心挑选了坚固的当地材料，以向法国南部的别墅致敬，改造后的别墅是一栋现代的家庭别墅，带有浓浓的法国地中海风情，保持了现代派、野兽派与传统普罗旺斯建筑风格之间的平衡。

Architect: Caprini & Pellerin Architectes
Location: Antibes, France
Photographer: Thomas De Bruyne

设计者：卡普里尼和佩勒林建筑事务所
项目位置：法国昂蒂布
摄影师：托马斯·德·布鲁因

别墅的外墙通过洞石墙和台地花园来反映法国普罗旺斯地方建筑风格，并与混凝土和木材的现代用途相结合。在别墅的前面，两堵弯曲的石墙间有一个楼梯通向马赛克铺贴、面向大海的无边泳池，入口居中于别墅的正面。

菲吉别墅通过一系列开放式空间、宽广的造型、以及低调奢华的材料重新定义了法国地中海传统别墅建筑风格。一层的起居室通过大门，可欣赏到郁郁葱葱的花园和地中海景色，其他空间也可以很好地欣赏地中海景色。深褐色木地板、洞石、大理石壁炉等都是对该地区传统住宅的致敬。墙面是手工抛光制作的石膏墙，通过大型木质推拉门、降低的天花板提示着餐厅和厨房的过渡。

整个别墅内外部色调既统一又富有变化，主卧室和公共卫浴间都采用了洞石水槽、洞石墙面、木材橱柜、亚光黑色灯具、亚光黑色水龙头。负一层有一个宽敞的地下室，设有木材和玻璃的楼梯通向酒窖，酒窖延伸至家庭影院、健身房、桑拿浴室和洗衣房。

SUBURBAN VILLA

城郊别墅

SANTIBURI THE RESIDENCES

桑提布利住宅

项目概况

桑提布利住宅是泰国曼谷的超豪华别墅住宅区，设计理念为拥抱自然的低密度高端社区。住区入口处的木制格子让人联想到大自然的朴素感，场地原有树林作为住区入口的标志。项目大量种植了橡胶树，一方面是因其适合当地气候，另一方面这些树木象征着富贵和长久，而且，随着它们的蓬勃生长，将进一步改善场地环境。

Architect: Architects 49 Limited
Client: Singha Estate Public Company Limited
Location: Bangkok, Thailand
Area: 1 400 m^2
Photographer: Singha Estate Public Company Limited, Chaovarith Poonphol

设计者：建筑师 49 有限公司
客户：辛格房地产有限公司
项目位置：泰国曼谷
项目面积：1 400 平方米
摄影师：辛格房地产有限公司、乔瓦里瓦 · 蓬保

SANTIBURI
THE RESIDENCES

住宅区根据不同生活方式和需求设计了三套别墅类型。1 号别墅定位为款待尊贵的客人而设计，别墅设有三个庄重而奢华的入口，从入口到内部空间均不会影响到业主的生活隐私。宽敞、气势磅礴的正式会客厅层高达 4 米，并带有开放式起居室和餐厅，这是款待贵宾的理想选择。业主家庭独立的起居区和卧室位于别墅的不同侧翼，家人享受轻松生活的同时与来宾互不干扰。

2 号别墅定位为其乐融融的大家庭别墅，来这里的是家人或亲密朋友，设计特色为将会客区和业主生活区融合在一起，空间较为通透，别墅设有半户外的聚会区，连接起居室和庭院，设置有食物准备区、烧烤区及一个大型酒窖，非常适合家庭聚会。

3 号别墅定位为拥抱大自然的低奢之家，别墅通过多增加一层来减少用地面积，其被私家庭院环抱，非常适合喜爱大自然的家庭。别墅被庭院景观包围，为业主带来了绿色、安宁的生活空间。别墅设计的特点是合理分配家庭生活区，最大程度地拥抱大自然，一楼设有双层通高的会客厅和公共用餐区，营造出高大、通透的氛围，在这里可以更好地欣赏庭院景观。起居室设在二楼，打开推拉门就来到前庭花园阳台，这种半户外的设计特色使别墅与庭院融为一体，也利于通风。二楼设有一个独立水疗室，在曼谷闹市中被绿荫包围的私密水疗室内，闭上眼睛享受生活，“生活的赢家”不过如此。

1 号别墅为两层结构，设计上采用了泰国现代热带风格，可为业主和访客提供全年的舒适生活。延伸的屋檐为起居空间在热带气候中提供了良好的遮阳，并能使内部空间全天保持凉爽。别墅坐北朝南，有良好的采光和横向通风。

别墅各个区域都采用了自然材料。客厅和地面公共区域均采用石灰华大理石，二楼卧室的柚木地板营造出温馨舒适的氛围；透过超大玻璃窗可欣赏周围绿色植物的全景，将自然带入室内，别墅外墙的柚木表现了泰国传统民居的风格。柚木还用于室内天花板，并延伸至屋檐外拱腹。屋顶采用改良过的泰国传统烧制瓦，以符合现代热带住宅的功能和审美。

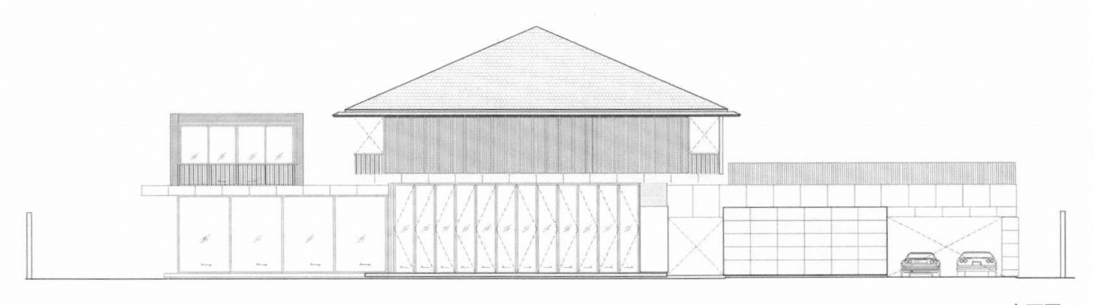

立面图 A

立面图 B

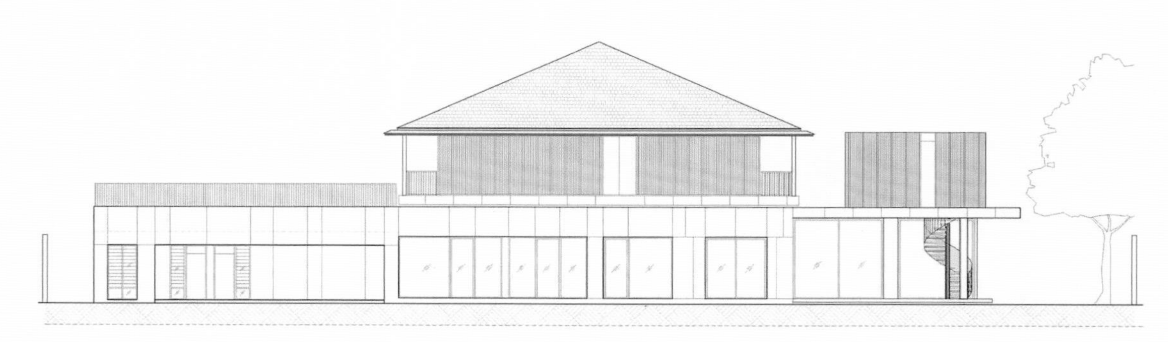

立面图 C

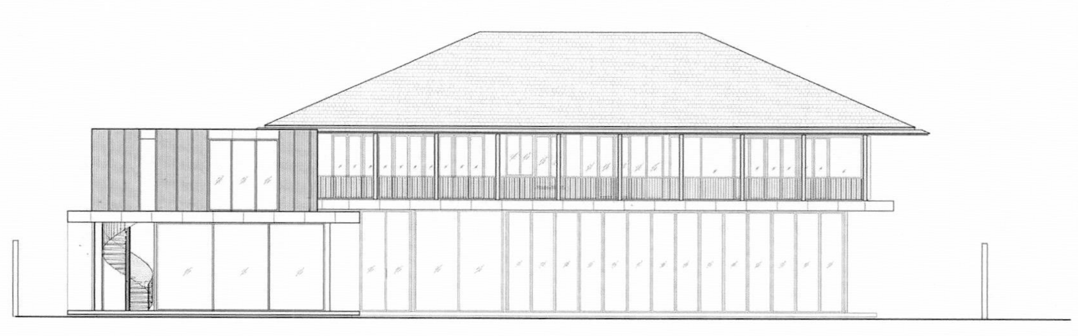

立面图 D

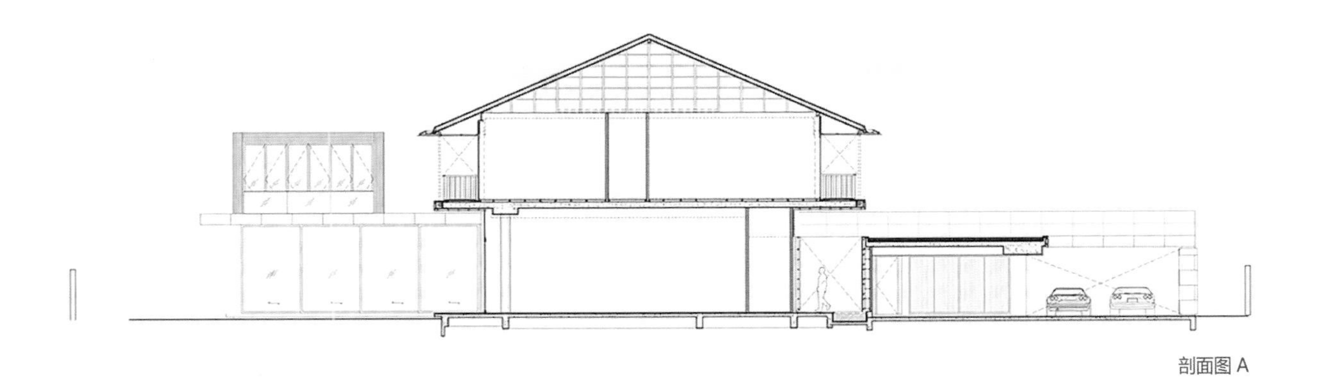
剖面图 A

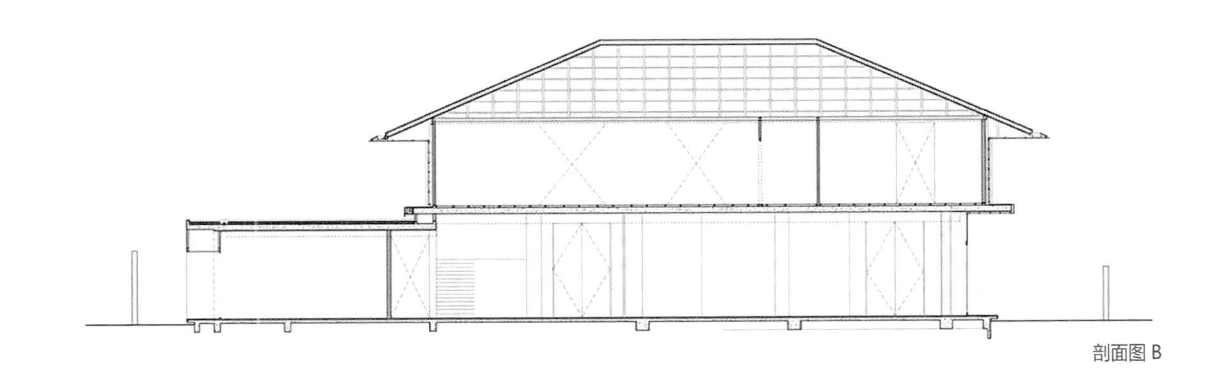
剖面图 B

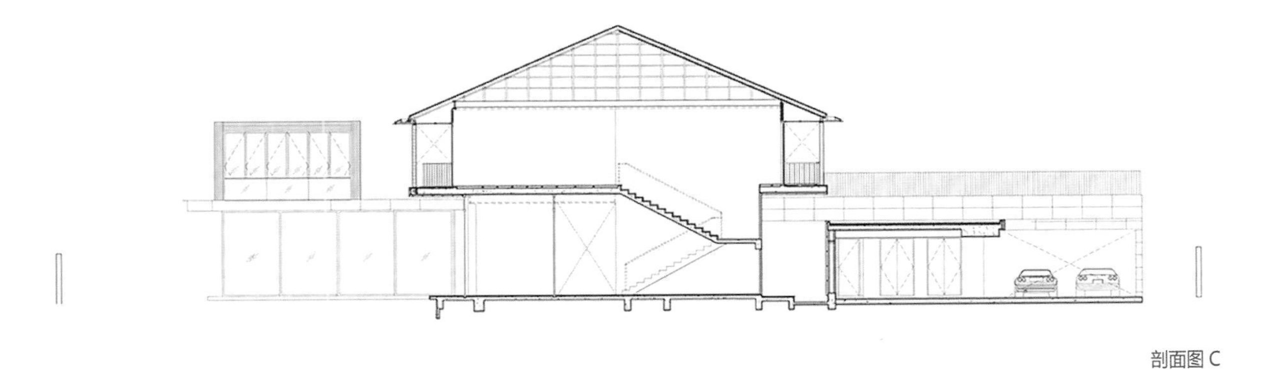
剖面图 C

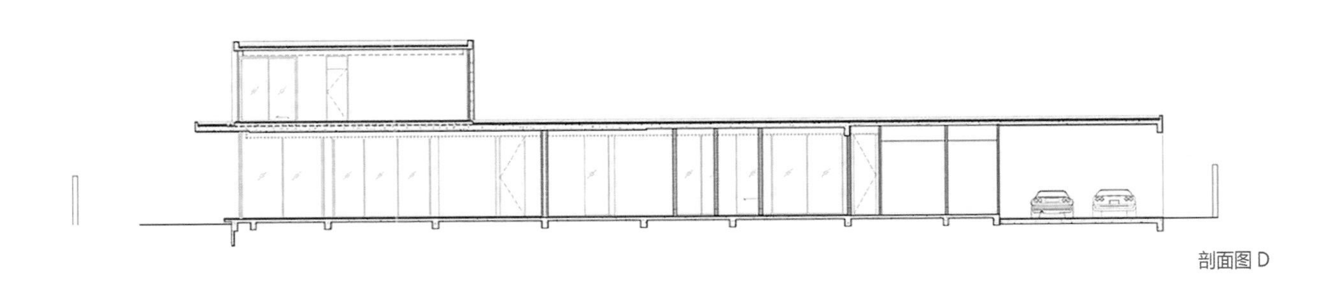
剖面图 D

1 号别墅一楼包含会客厅、公共餐厅、沙龙、水疗房以及老年人卧室。二楼为业主私人区域，包含起居室、主卧室、两个卧室和一个健身房。

室内空间材料的运用与建筑保持了一致，通过优质材料（如金柚木和大理石，用于地板、墙壁和天花板上）和细节设计使得空间更精致、奢华。室内软装和艺术作品散发着浓浓的现代泰国风情，温暖的色调营造出舒适、温馨的家庭氛围。每间卧室都是定制设计，以满足业主的生活方式。

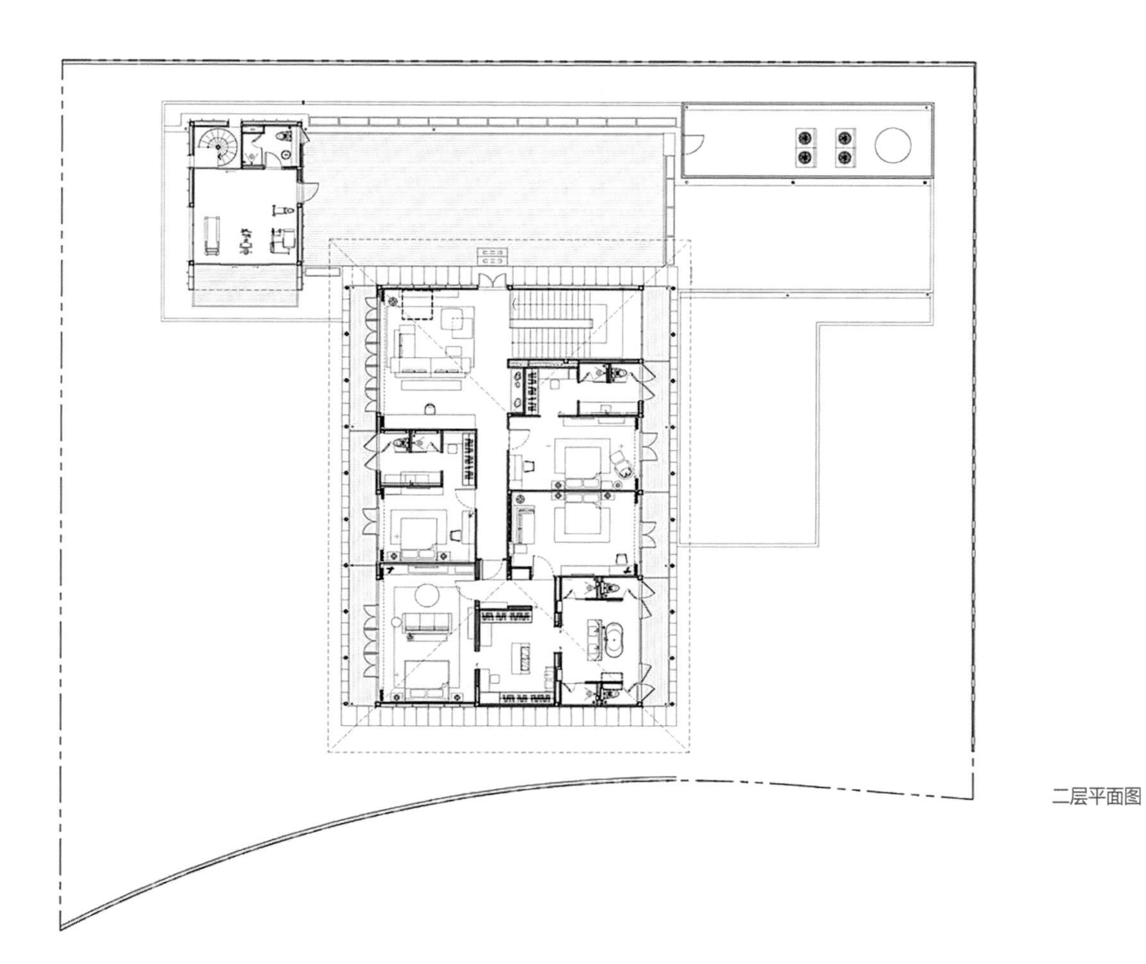

二层平面图

一层平面图

TWISTED HOUSE

扭曲的房子

项目概况

项目位于泰国曼谷邦卡皮区市郊，边缘就是大面积的东南亚雨林。由于在城市交通网络附近，交通很便捷。这里贴近自然，社区的周围环境非常安静、友好，在这样一块充满魅力的场地中，建筑师把房子主要建筑、玻璃房和运动场三个不同的功能区组织成扭曲的几何造型，令人印象深刻。

Architect: Architects 49 Limited
Location: Bangkok, Thailand
Area: 4 000 m^2
Photographer: W Workspace, Manoo Studio

设计者：建筑师 49 有限公司
项目位置：泰国曼谷
项目面积：4 000 平方米
摄影师：W 工作室、马努工作室

建筑师认为，设计灵感来自于自身对场地的感知，就像该项目一样，其概念是建筑师在初期的现场调研中产生的——"运动的瞬间和解读"的情感体验。"扭转"这个创意，来源于雨林中大树蜿蜒生长和随风扭动的样子。通过对这个场地的观察发现，这里可以让人产生一种"使命"感，即对场地不进行过多的干扰，保留场地独特的现状。

建筑师希望把场地的自然要素完美地保存下来，这样做首要面临的挑战是建筑体量变得很大。设计师耗费了巨大的精力，但仍然没有找到一个十全十美的布局方案，所以，不得不对场地内的自然要素进行一些调整。最后设计师把基地后的一棵大树砍掉，在其原来的位置设置了住宅的主要交通，以作为对它的怀念。

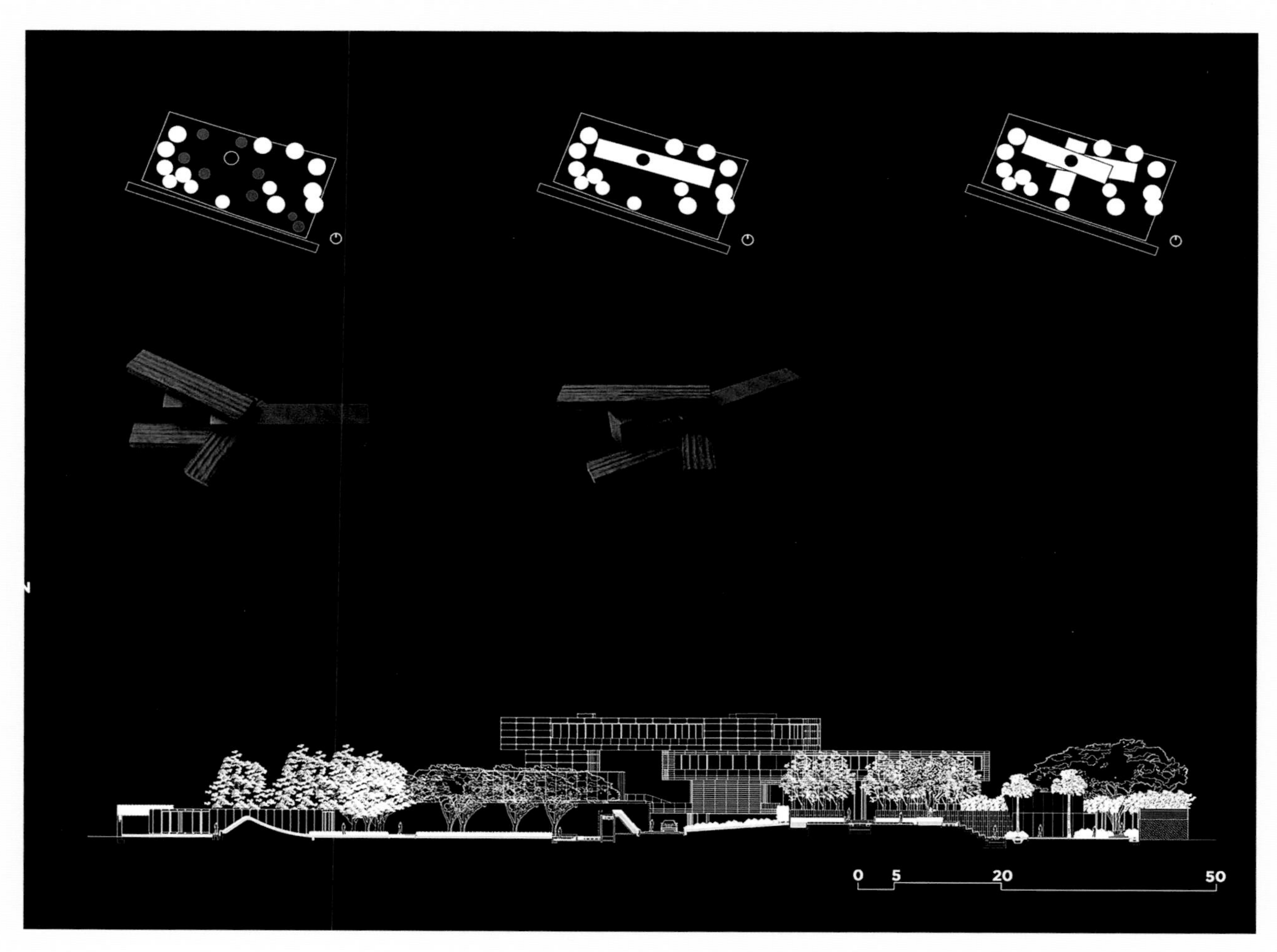

概念分析图

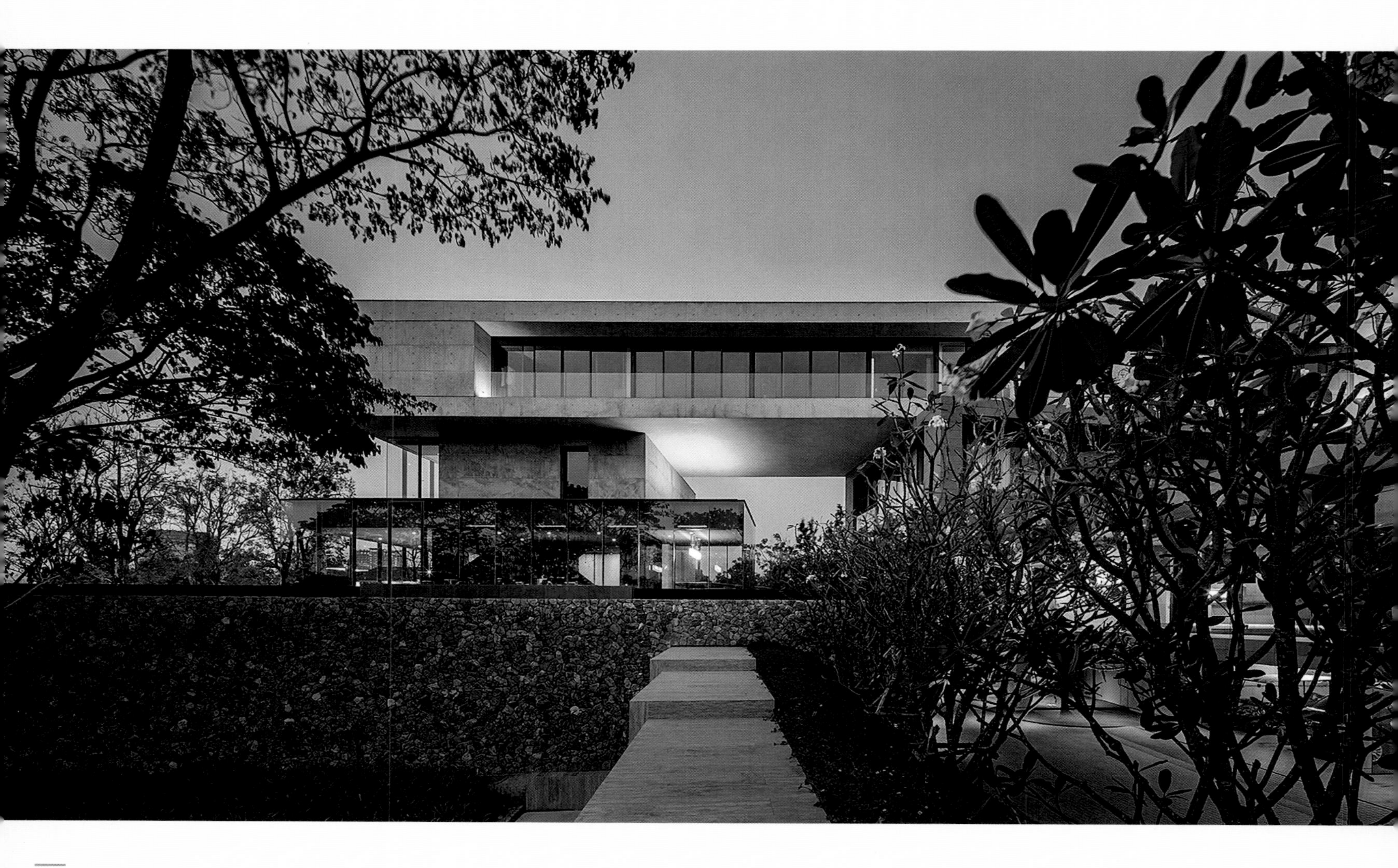

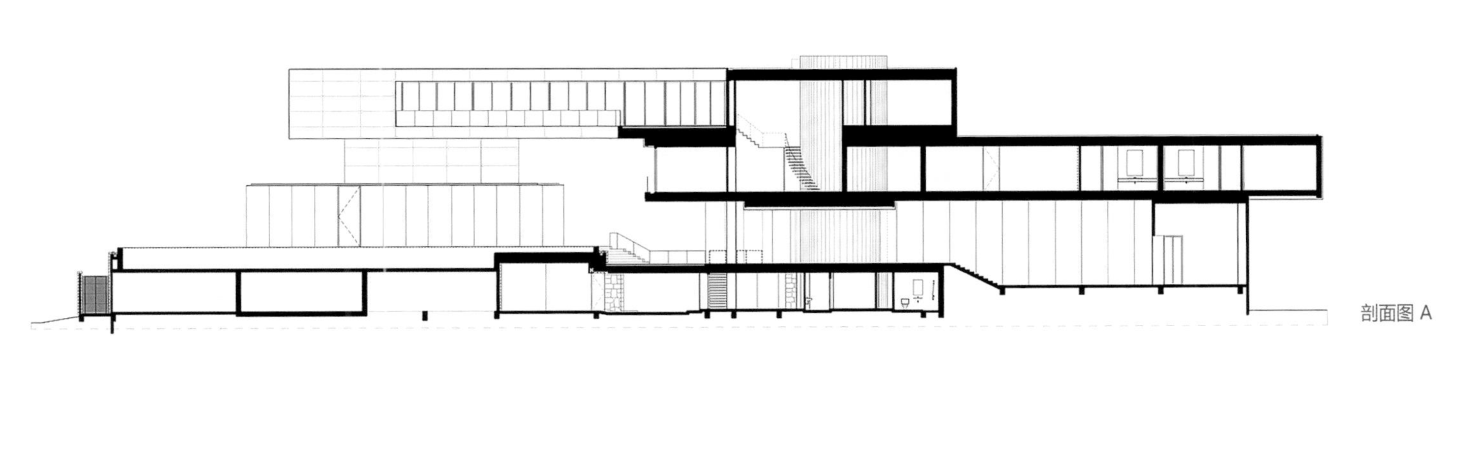

剖面图 A

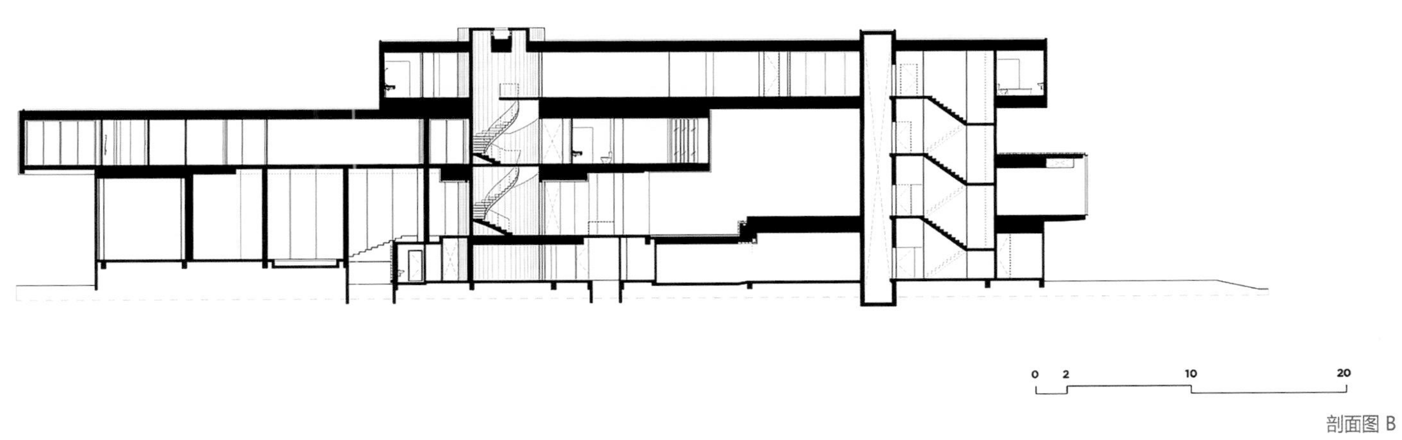

剖面图 B

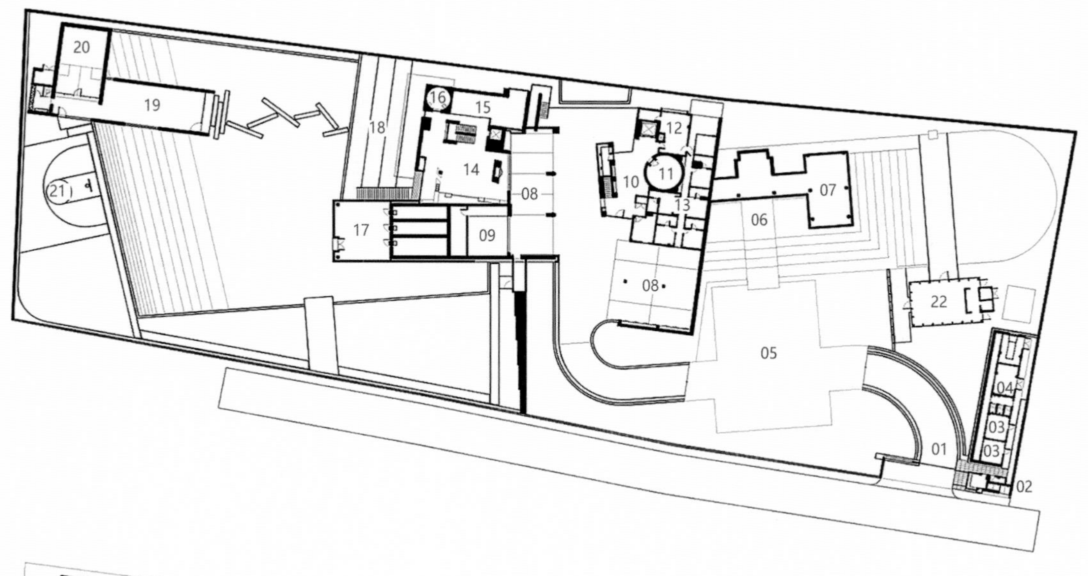

01 正门
02 警卫室
03 司机室
04 洗手间
05 下车区
06 入口
07 阅览室
08 车库
09 高级停车场
10 次入口
11 鞋子存放处
12 泰式厨房
13 服务用房
14 娱乐室
15 游戏室
16 配电房
17 泵房
18 阳台
19 健身房
20 壁球场
21 篮球场
22 温室

一层平面图

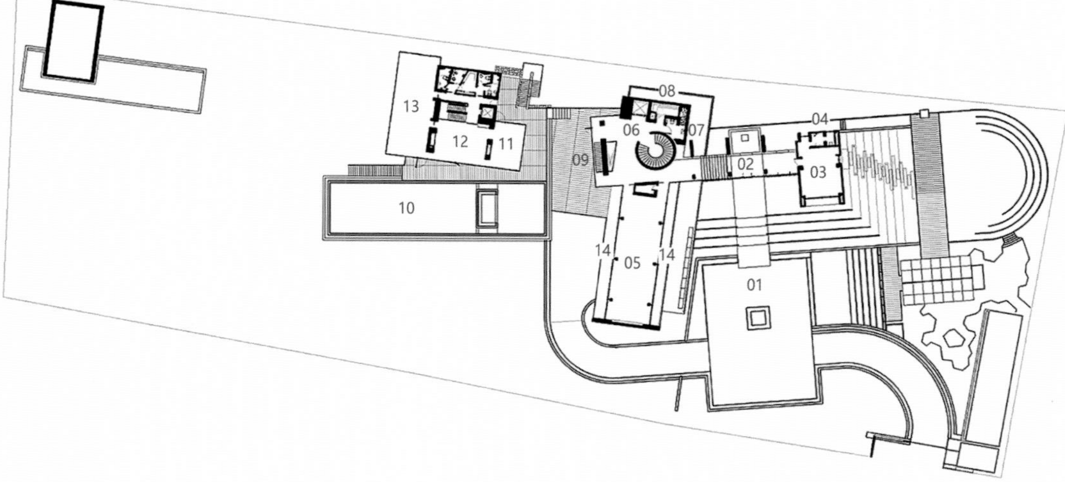

01 下车区
02 入口门厅
03 阅读室
04 洗手间
05 客厅、餐厅、餐具室
06 楼梯
07 电机室
08 储物室
09 露台
10 游泳池
11 书房
12 用餐区
13 家庭休闲室
14 阳台

二层平面图

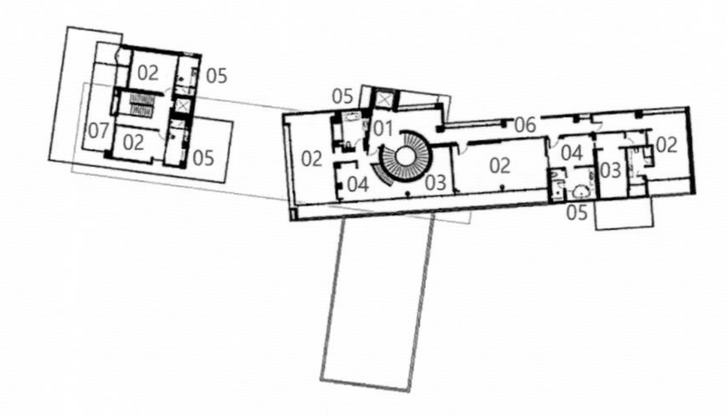

01 楼梯
02 卧室
03 衣橱
04 化妆间
05 卫浴间
06 走廊
07 儿童房

三层平面图

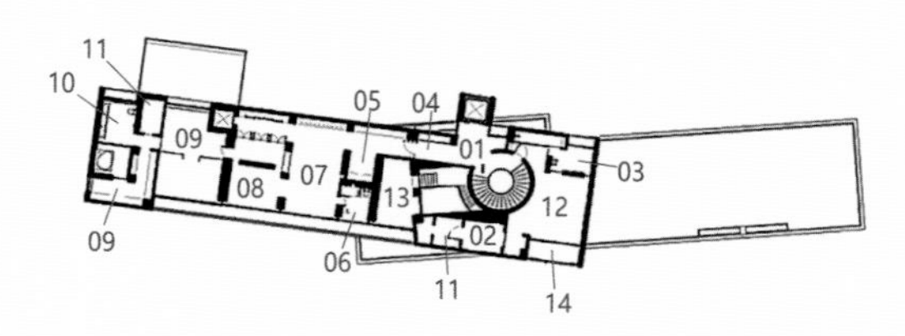

01 楼梯
02 壁橱
03 浴室
04 走廊
05 迷你食品房
06 洗手间
07 主卧起居室
08 主卧室
09 主卧衣帽间
10 主卧卫浴间
11 贮存房
12 水疗室
13 艺术与工艺工作室
14 阳台

四层平面图

设计师以圆柱形、雕塑般的螺旋楼梯作为别墅的主交通核心，这是对被砍伐大树的一种隐喻。以圆柱形的楼梯为中心，把家庭生活区、餐厅、茶水间等公共空间以“顺时针方向”在二楼的几何形体内转了一圈，同时与基地内的其他现存大树保持了一定的距离。

BAAN ISSARA BANGNA

班·伊萨拉邦纳

项目概况

班·伊莎拉邦纳（Baan Issara Bangna）位于曼谷市郊区，49 建筑事务所以卓越的创造力打造出独特而经典的地标性别墅群住宅区。项目融经典和前卫为一体，以超前的设计理念、考究的建筑细节而闻名。

Architect: Architects 49 Limited
Client: Charn issara
Location: Bangkok, Thailand
Unit area: 380~697 m²
Photographer: Wison Tungthunya

设计者：建筑师 49 有限公司
客户：查恩 · 伊萨拉
项目位置：泰国曼谷
别墅面积：380~697 平方米
摄影师：威森 · 通哥尼亚

项目以打造曼谷国际、时尚、奢华的现代生活为基础，以前卫的风格创造了一个富有爱、激情和自由的家居空间。设计师在如绿洲般的景观环境中设置了慢跑步道，并配有大型健身馆及泳池，健身馆以木材和玻璃为主要材料，木制立柱不仅增添了形式美感，还可以进行散热和遮阳，以保持馆内舒适。

BAAN ISSARA
BANGNA

BAAN ISSARA
BANGNA

住宅区内每栋建筑物的朝向均尊崇“自然原则”进行布置，使其优化自然采光和通风，为处于热带亚洲的建筑创造出宜居的生活空间。为了生活和交通便利，设置了电梯和3个不同的入口。同时，还提供了4~5个车位的车库和智慧家居系统。别墅前有花园，后有带泳池的庭院，被郁郁葱葱的绿色所环绕，建筑和景观采用了一体化设计，增强了室内外的联系。建筑中通高的窗廊为热带生活带来理想的舒适度，并进一步增强了建筑的宏伟感。

01 车库
02 电梯
03 设备房
04 客餐厅
05 厨房
06 卧室
07 泰式厨房
08 工人房
09 客用卫生间
10 储藏室
11 洗衣房
12 阳台
13 游泳池
14 庭院
15 垃圾回收房
16 卫浴间
17 工人卫浴室

A 户型一层平面图

别墅内部空间采用开放式设计，可以很好地满足业主的家庭生活和社交聚会。大型玻璃门把客厅、餐厅和花园、庭院连接为一体，拓宽了视野的同时，把室外的景观和光线都纳入室内，创造出开放式的起居和就餐空间。别墅还有公共厨房和工人用的泰式厨房，无论是大型聚会还是日常饮食料理都十分方便。

卧室设计以简约、雅奢格调为主，有助于消除工作和生活的疲惫，为业主提供了舒适、安定的私人休息空间。主人房包含了宽敞的起居室、步入式衣帽间和浴室，营造出轻松、愉悦的氛围。

01 主卧室
02 主卧主浴室
03 卧室 1
04 卧室 2
05 主卧衣橱
06 卧室 2 卫浴间
07 起居室
08 餐具区
09 阳台
10 电梯
11 卫生间

A 户型 二层平面图

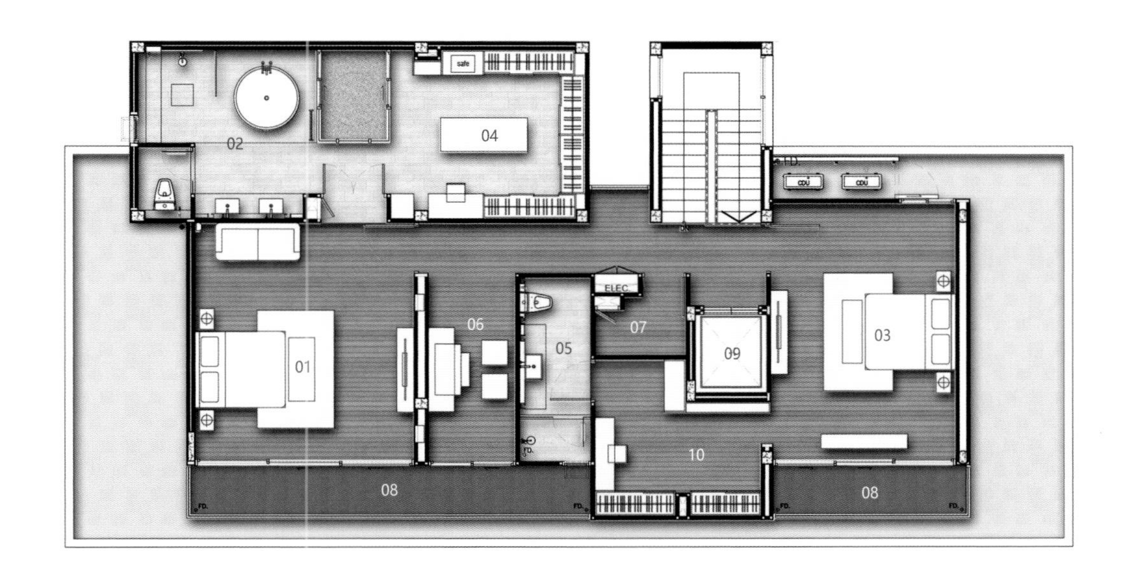

01 卧室 3
02 卧室 3 浴室
03 卧室 4
04 卧室 3 衣帽间
05 卧室 4 浴室
06 祈祷室
07 储藏室
08 阳台
09 电梯
10 卧室 4 衣帽间

A 户型三层平面图

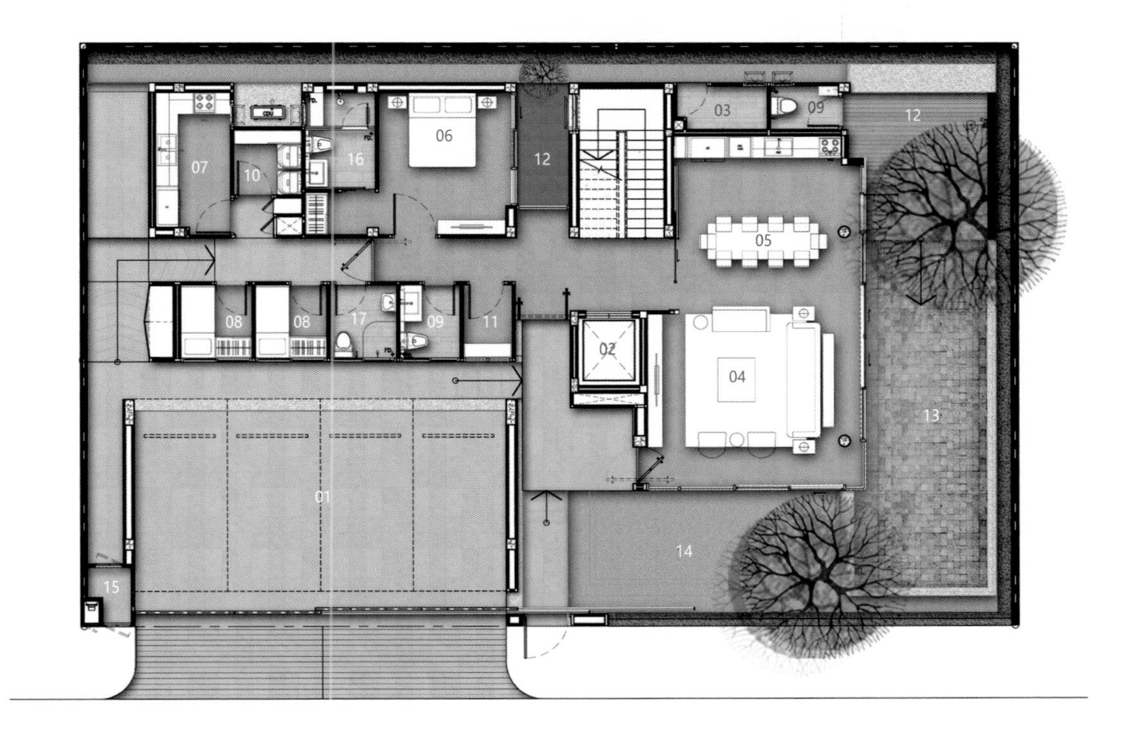

01 车库
02 电梯
03 服务用房
04 客厅
05 餐厅
06 卧室
07 泰式厨房
08 工人房
09 客用卫生间
10 洗衣房
11 存储室
12 阳台
13 游泳池
14 花园
15 垃圾回收室
16 卫浴室
17 工人浴室

B 户型一层平面图

01 主卧室
02 主卧主浴室
03 卧室 1
04 主卧衣橱
05 卧室 1 卫浴间
06 起居室
07 餐具区
08 阳台
09 电梯
10 卫生间
11 卧室 1 衣橱

B 户型二层平面图

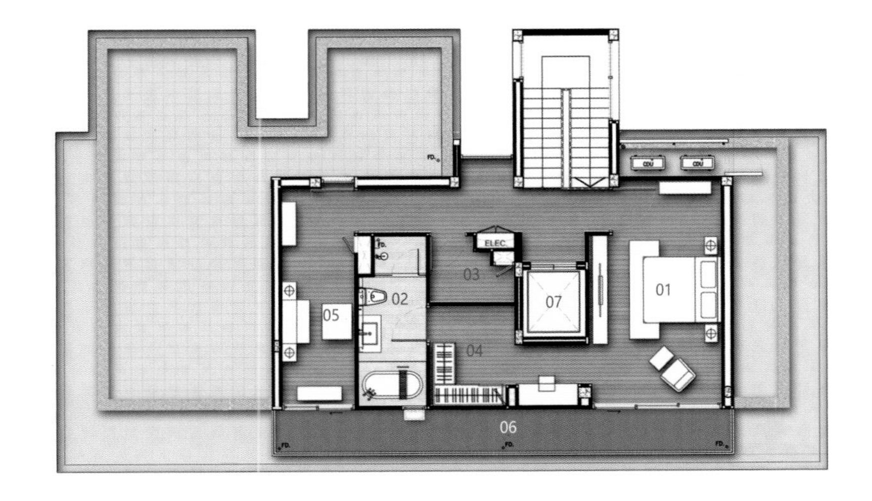

01 卧室
02 卫浴间
03 储藏室
04 衣橱
05 祈祷室
06 阳台
07 电梯

B 户型三层平面图

DOLORES RESIDENCE

多洛雷斯住宅

项目概况

项目场地位于旧金山一处高地的交叉路口，约翰·马尼斯卡科建筑事务所利用场地良好采光和视野的优势，使这栋四层别墅最大限度地反映出基地光线变化和欣赏到全城的城市风光。建筑为退台形式，突出的边角线造型给外观带来了活力。

Architect: John Maniscalco
Location: San Francisco, United States
Area: 562 m^2
Photographer: Blake Marvin, Joe Fletcher

设计者：约翰·马尼斯卡科建筑事务
项目位置：美国旧金山
项目面积：562 平方米
摄影师：布雷克·马文、乔·弗莱彻

深悬挑为业主提供了良好的观景视野，这也是对角落地形做出的良好处理，深悬挑能有效地进行散热，并为南面的阳台和内部空间提供遮阳。为了满足业主的多种生活场景体验，建筑师还精心设计了别墅空间和功能布置。

别墅保留南面沿街的灌木林和大树，它们不仅是景观的重要组成部分，还具有遮阳和保护隐私的作用。建筑立面主要材料为美国西部红柏、大型玻璃及混凝土。别墅入口位于一层，采用了大量雪松板和玻璃墙体。进入别墅后，弯曲的钢制楼梯建立了与主要生活空间的连接。内部空间的开放式平面布局，增强了各空间的衔接，并能将视线延展到室外聚会空间和远处风景。

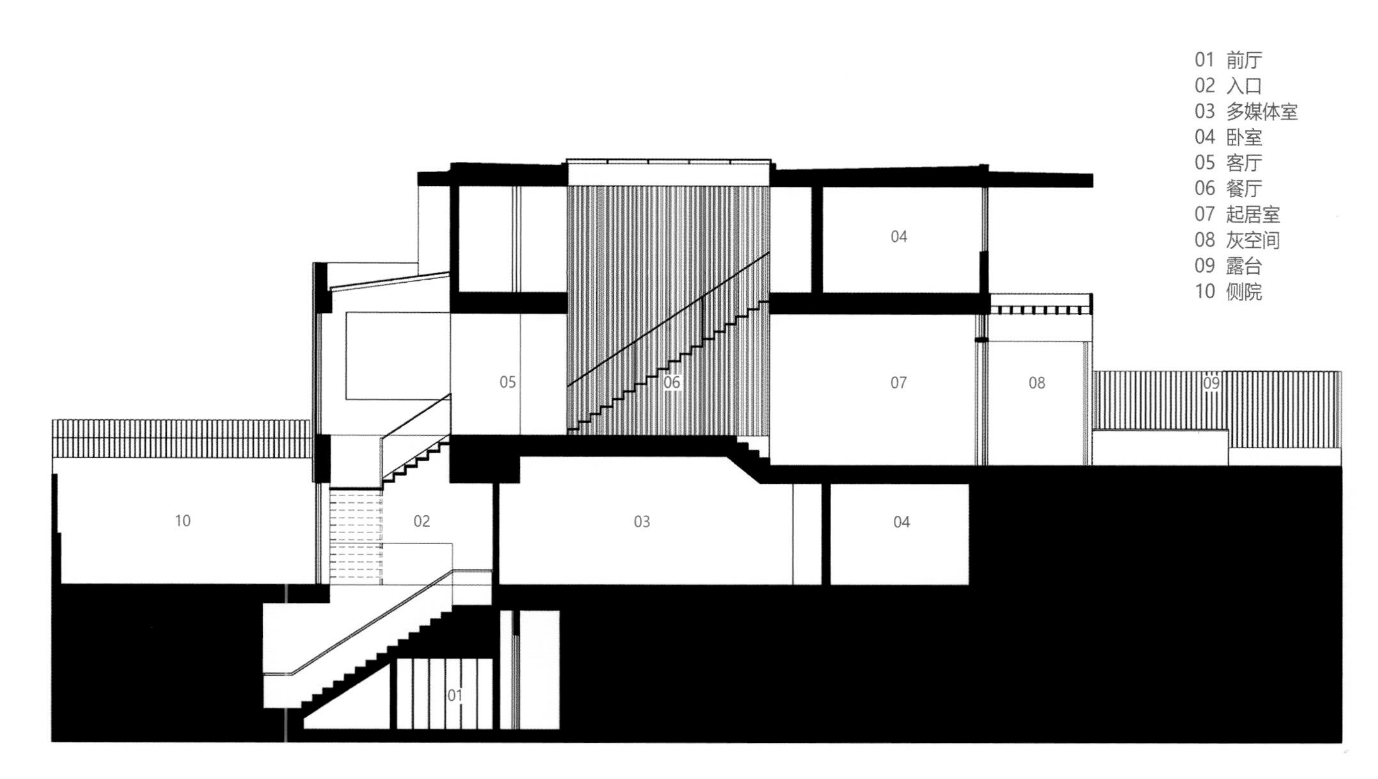
01 前厅
02 入口
03 多媒体室
04 卧室
05 客厅
06 餐厅
07 起居室
08 灰空间
09 露台
10 侧院

纵剖面图

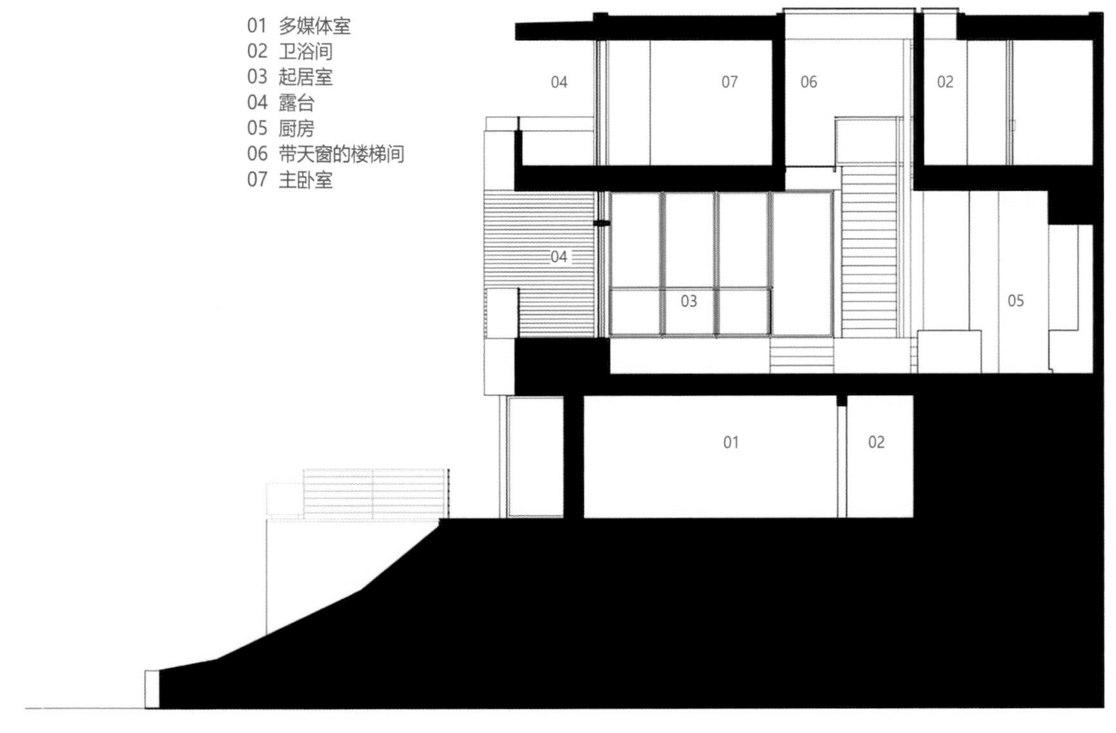
01 多媒体室
02 卫浴间
03 起居室
04 露台
05 厨房
06 带天窗的楼梯间
07 主卧室

横剖面图

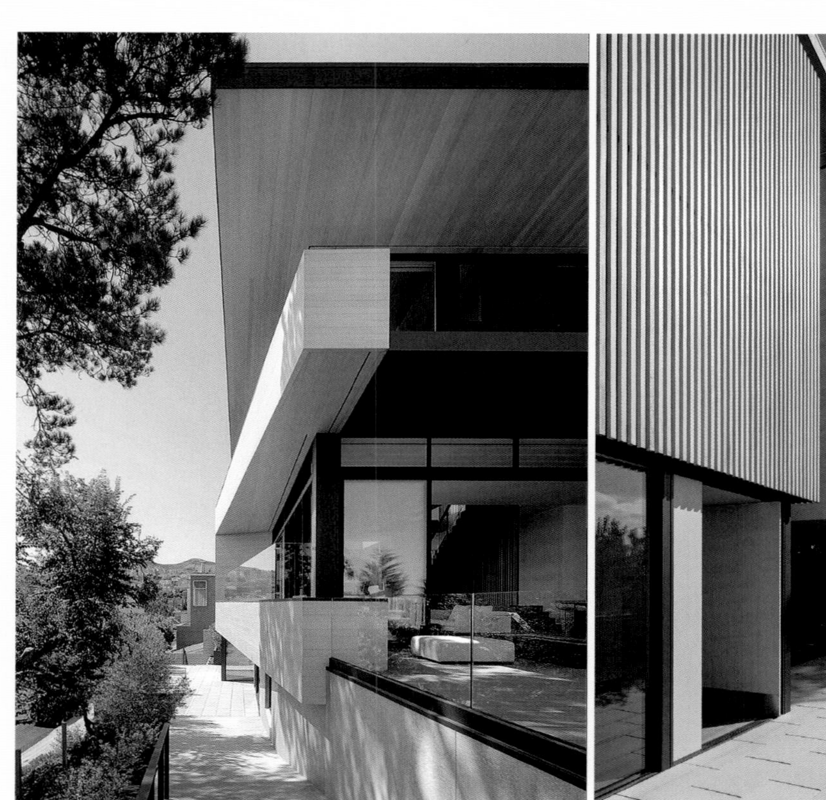

建筑师在配色上采用了中性色调，并选用生态材料。精致的染色木饰面板，呼应了场地的景观环境，与建筑立面材料形成了视觉统一，为业主在旧金山这座繁忙的城市打造了一处宁静的避世场所。

起居室位于别墅一层，该层还设有多媒体室、健身房、酒窖、卧室和洗衣房。别墅车库上方设有一个独立楼梯间，用以连接二层和三层，其外部玻璃幕墙上覆盖有雪松木条，内墙空间以白色为主，地板采用混凝土制成，大型天窗的采光，使室内显得明亮、宽敞。

主要公共空间位于二层，包含客厅、餐厅、厨房和卧室，可伸缩玻璃幕墙将室外的光线和风景引入，并与宽敞的露台无缝连接。米色的遮光帘，可根据需要进行伸缩。

BERLIN
SANTIAGO
HELSINKI
BARCELONA
FCB
TOKYO
STINSON
NYC
SEATTLE

公共区域的设计十分有特色，比如黑色鹅卵石铺就的楼梯，由艺术家蒂莫西·古德曼在厨房绘制的涂鸦壁画等。

别墅顶层是私人空间，有四间卧室。主人房是较为宽敞的套房，套房的玻璃门连接着倾斜的阳台，在此可以俯瞰旧金山的城市风光。

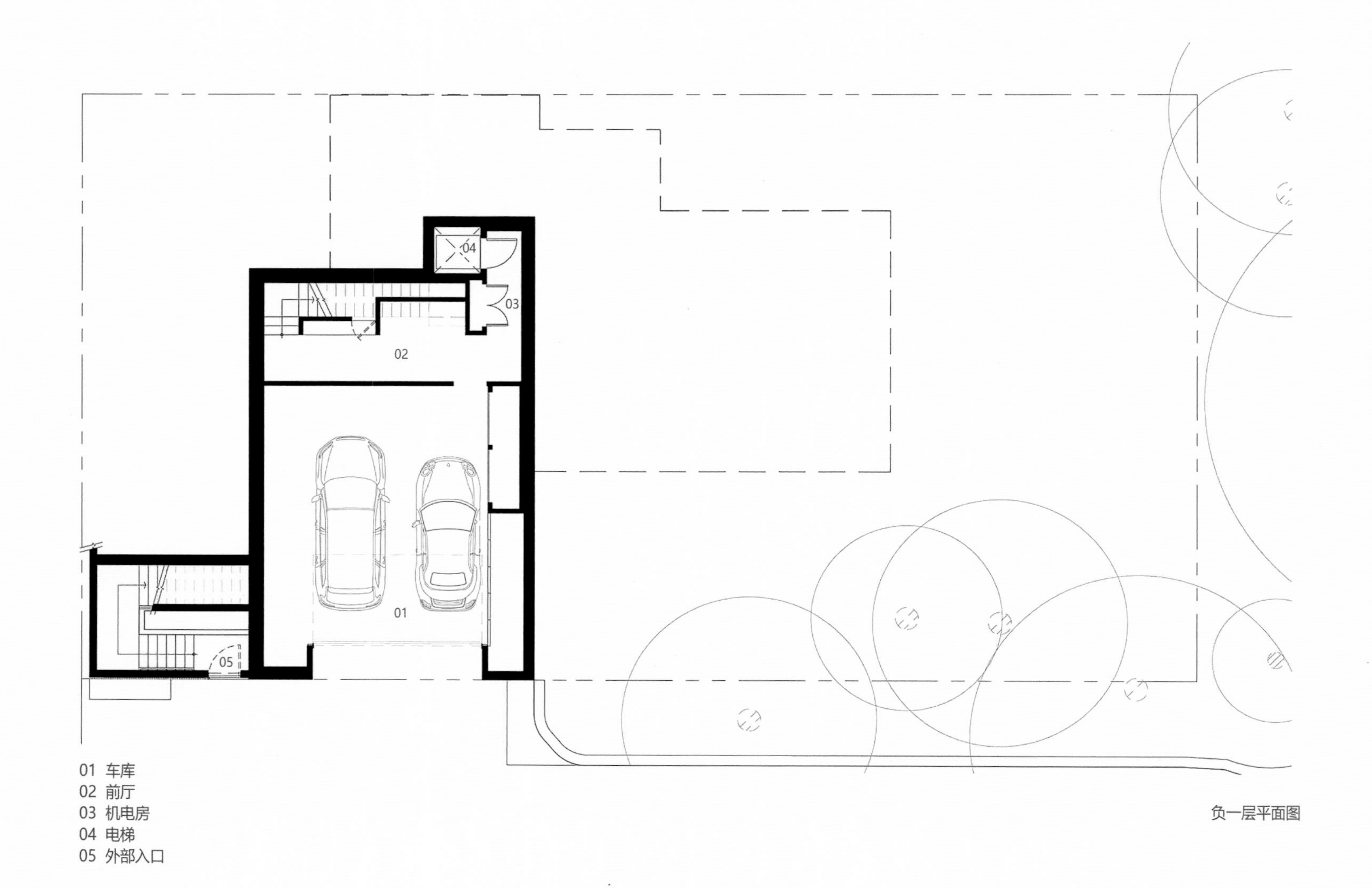

01 车库
02 前厅
03 机电房
04 电梯
05 外部入口

负一层平面图

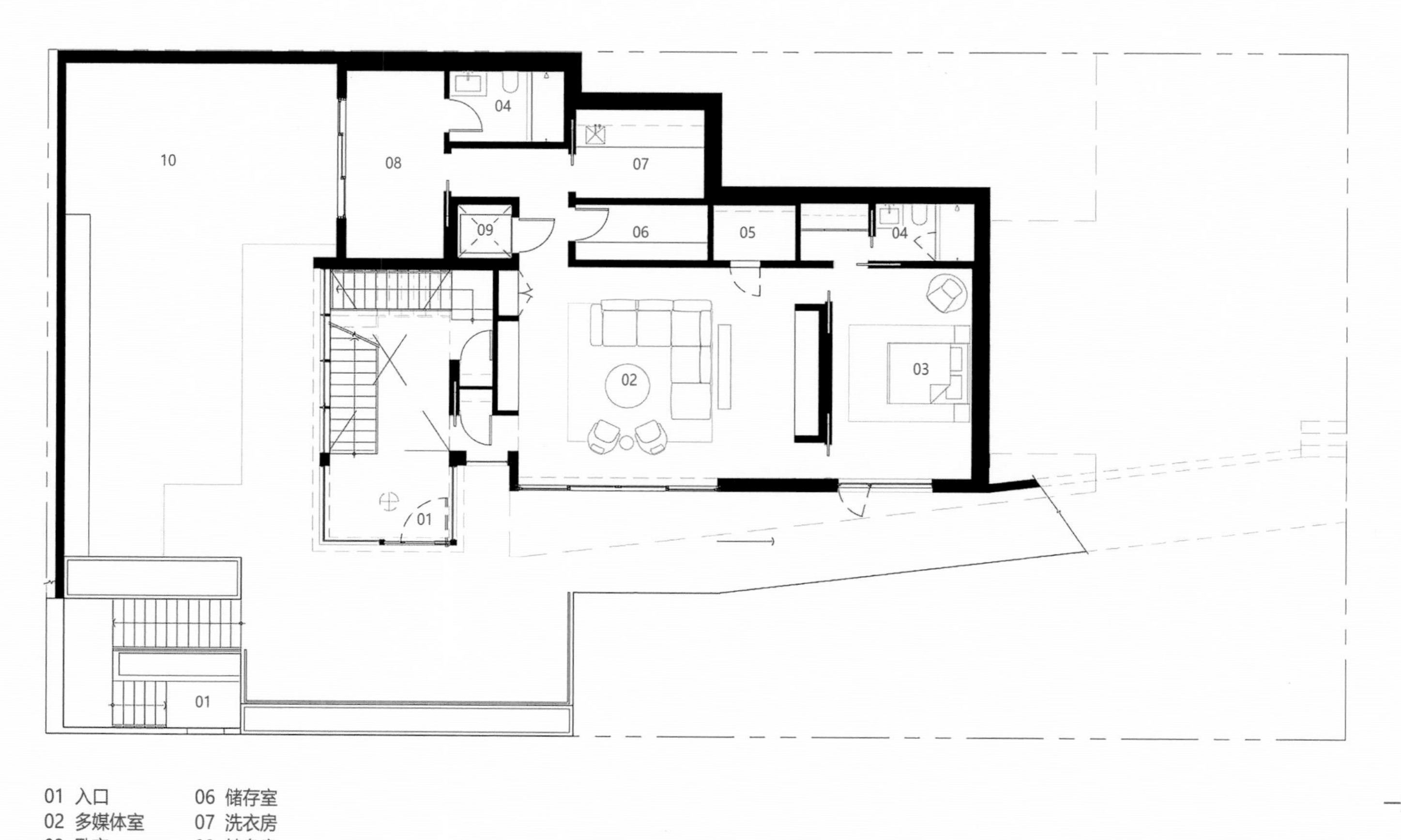

01 入口
02 多媒体室
03 卧室
04 卫浴间
05 红酒室
06 储存室
07 洗衣房
08 健身房
09 电梯
10 侧院

一层平面图

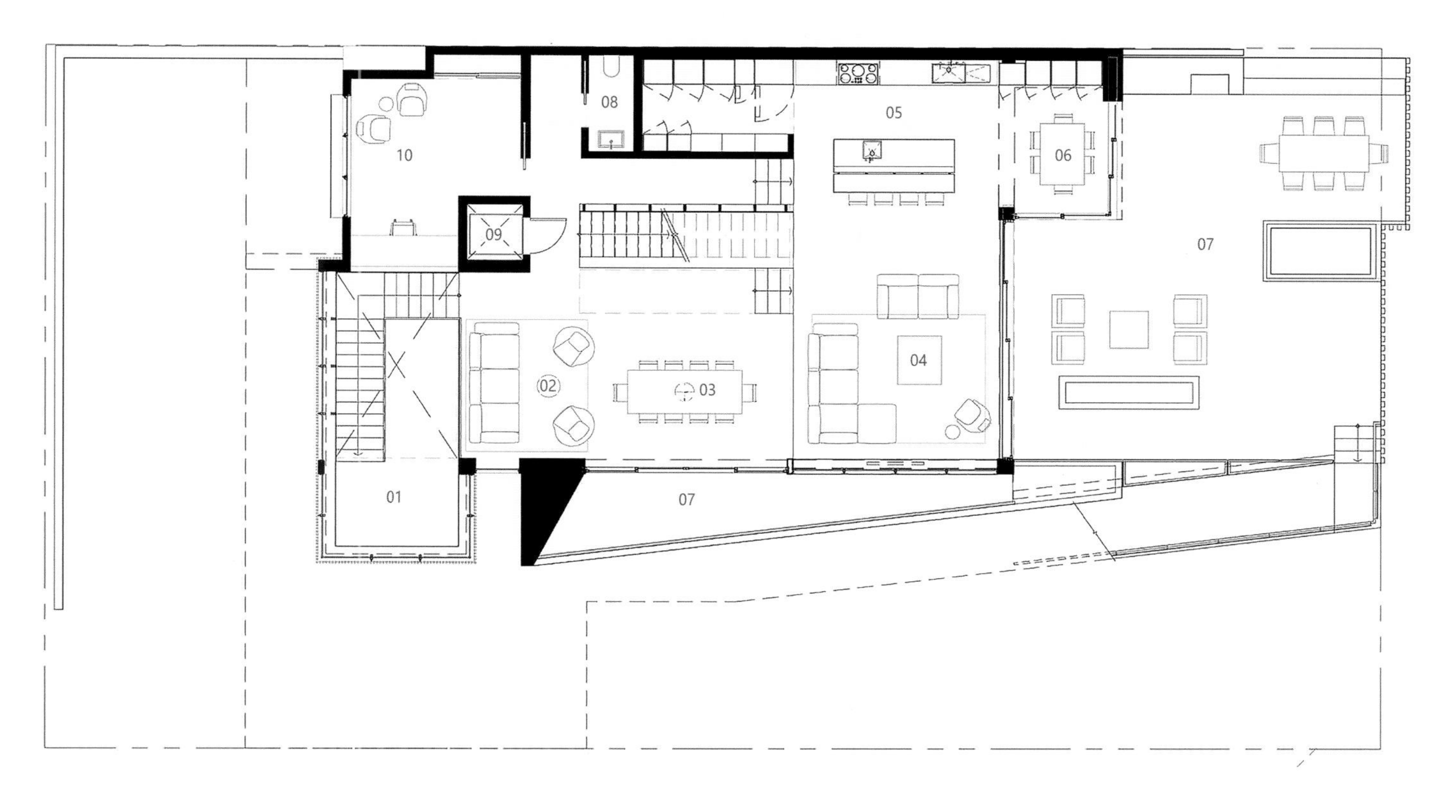

01 入口
02 客厅
03 餐厅
04 起居室
05 厨房
06 灰空间
07 露台
08 卫生间
09 电梯
10 办公室

二层平面图

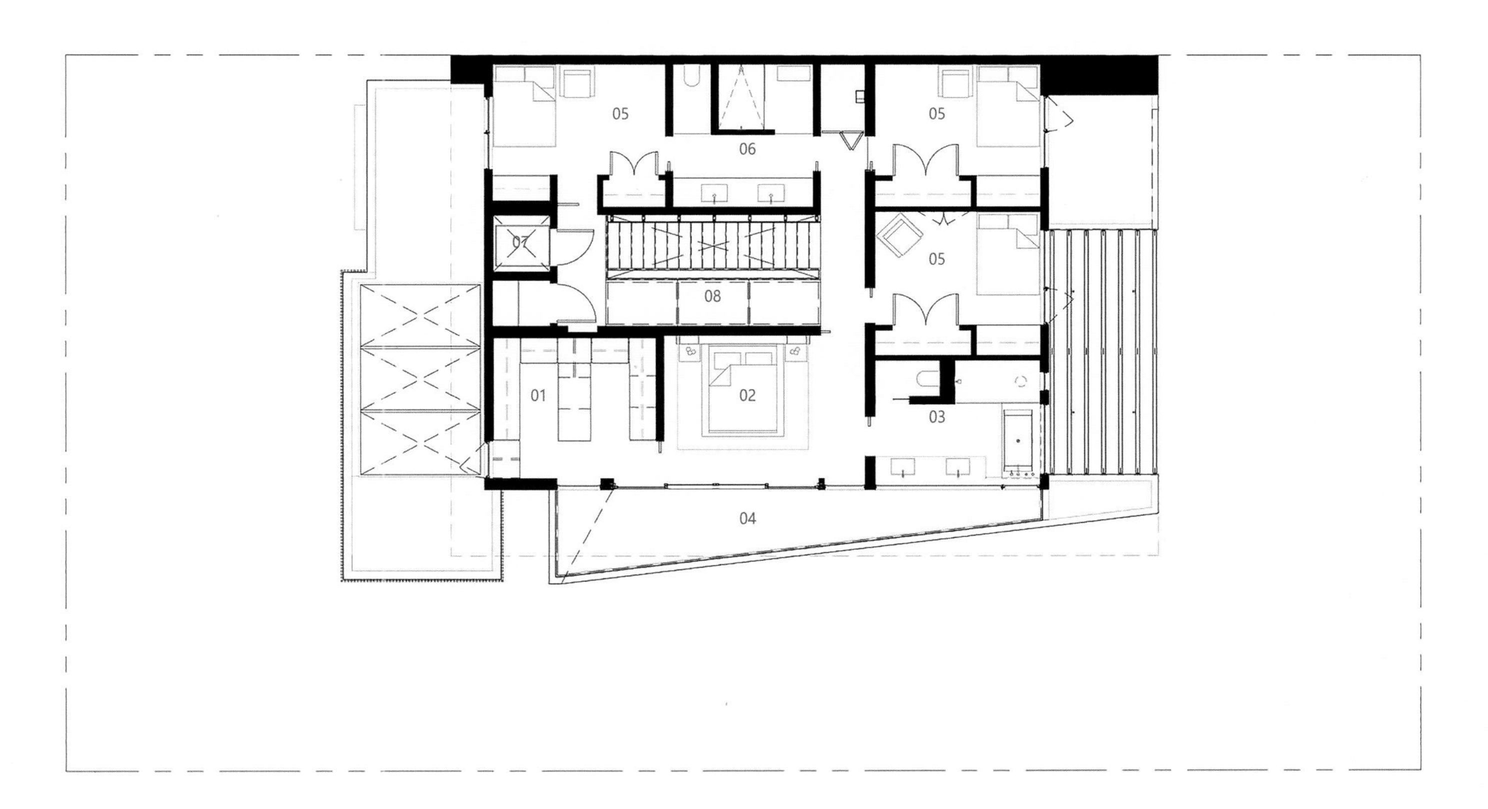

01 主卧衣帽间
02 主卧室
03 主浴室
04 露台
05 次卧
06 卫浴间
07 电梯
08 楼梯间

三层平面图

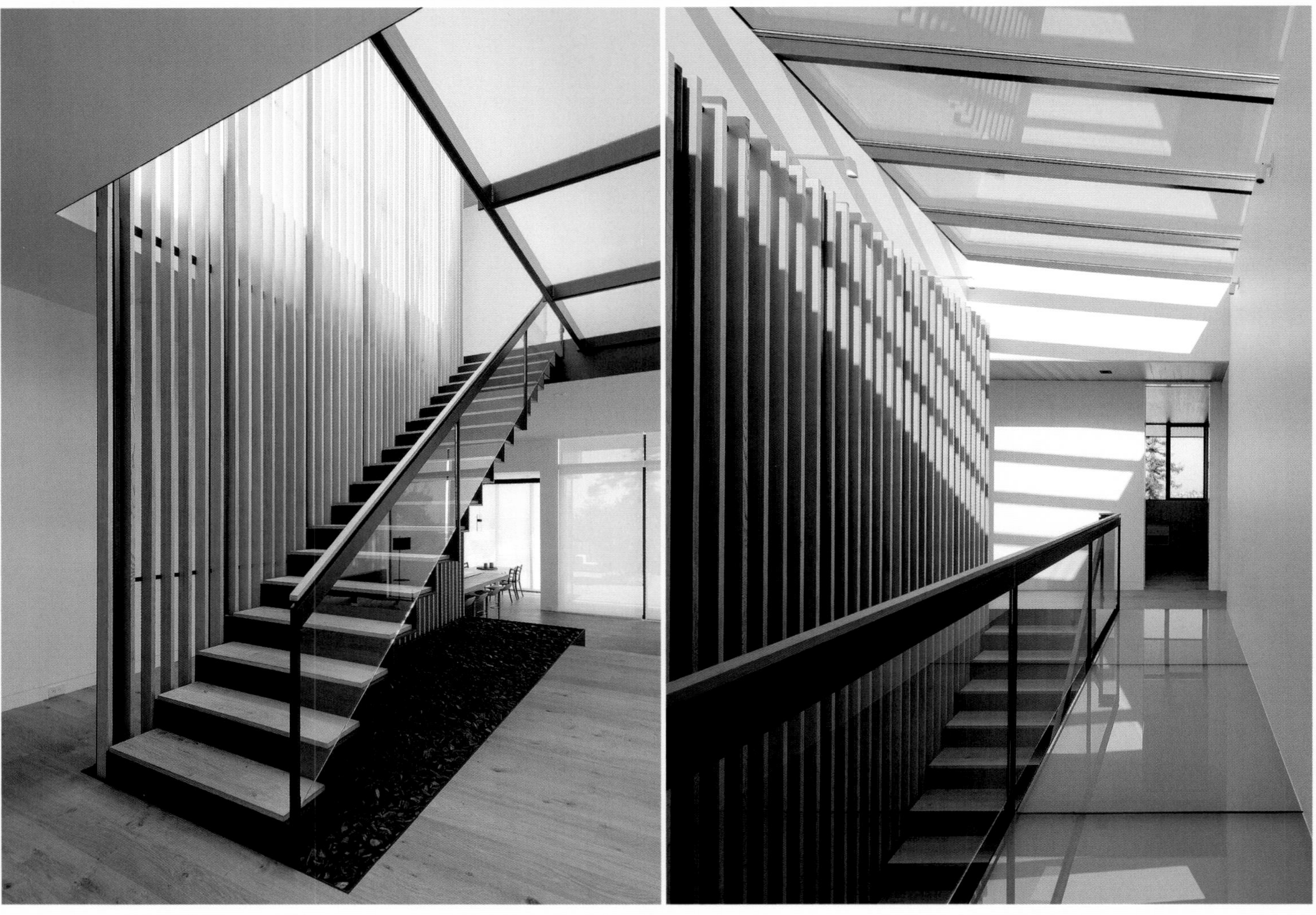

REYHANI VILLA

雷哈尼别墅

项目概况

该项目是对 20 世纪 60 年代的老住宅进行现代化的改造和扩建。场地位于加利福尼亚州奥兰治的一处山坡上，可俯瞰周围宽阔的山谷。原有住宅的大小和空间配置看起来还能满足业主自家的基本居住需求，但是，他们希望改造后的别墅能更适合招待来访的家人和朋友。设计探索了建筑形式与物质之间的矛盾关系。扩建的娱乐空间被包裹在一个钢和玻璃的“盒子”中，该“盒子”飘浮在原有单层建筑物上，这种并置关系把新结构与原有结构融为一体。

Architect: Horst Architects
Location: Orange, United States
Area: 697 m^2
Photographer: Toby Ponnay

设计者：霍斯特建筑师事务所
项目位置：美国奥兰治
项目面积：697 平方米
摄影师：托比・邦尼

别墅通过沿街的一系列建筑结构来展示其特色，一座横跨静水池的木桥提供了穿过围墙进入别墅内部的通道，同时这也作为欢迎访客的仪式。前庭由浅黄色洞石组成的景墙和实木屏风所围合，景墙和屏风有效地过滤了来自西面的强烈阳光，同时还为别墅提供了私密性。进入别墅大门会看到一个雕塑般的旋转楼梯，它连接了原有结构与楼上新建的娱乐空间。

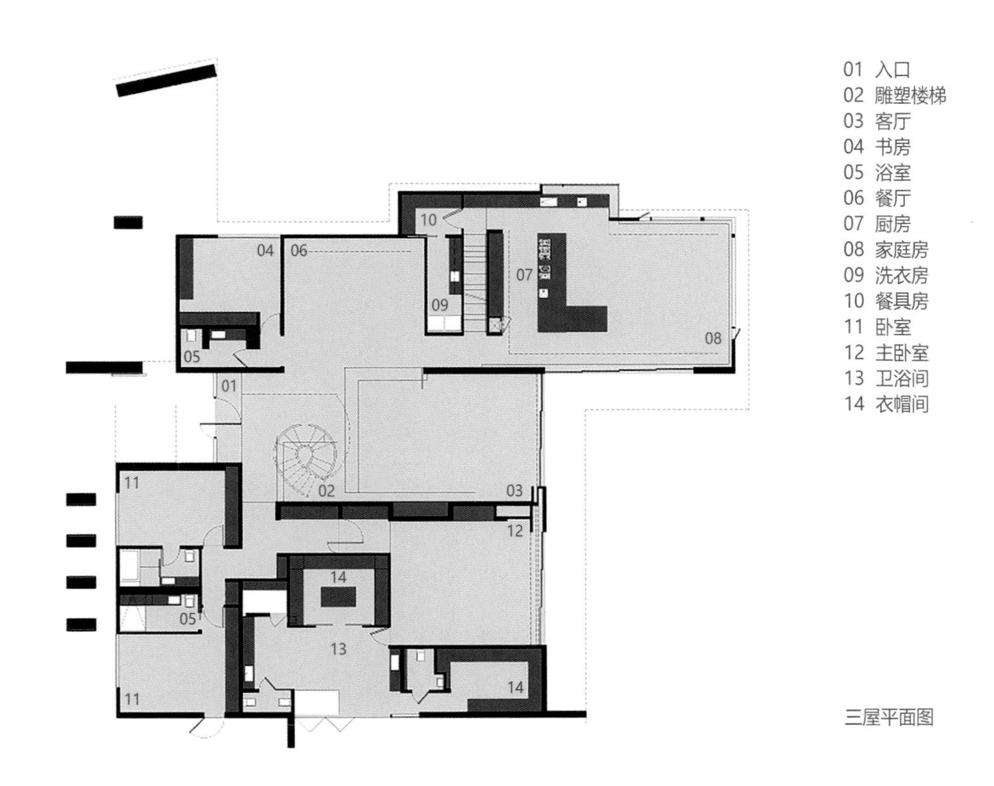

三屋平面图

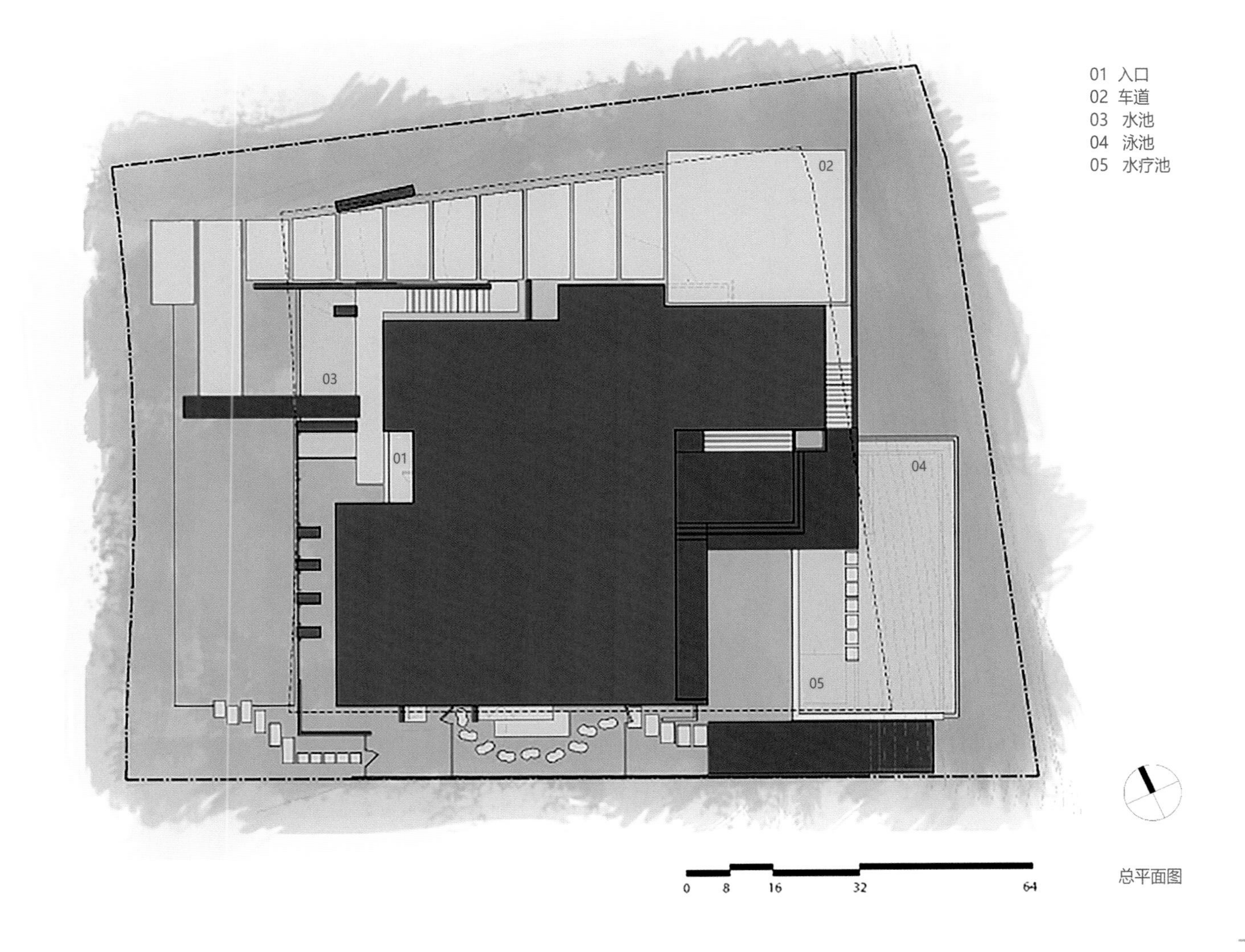

总平面图

别墅的低层保留了原有住宅的空间配置，原有平面是围绕着泳池和露台呈L形的布置，这是20世纪中叶加利福尼亚州的经典平面布置手法。该平面布置的东、西两翼是公共区域，南、北两翼则是私人区域。建筑师把后院中的泳池扩大了，并且创造了一系列新的户外空间，还拆除了临近后院的部分柱子和墙体，为别墅的内外部空间创造了连续性。室内空间主要采用胡桃木，水磨石和浅灰色洞石等材料，这会让业主回忆起原来的生活。别墅二层将一个15米长、通高的“玻璃盒子”置入钢架内，为空间新增了一个娱乐房和两个卧室。

该项目出色地满足了业主的改造需求，还大量使用可持续技术和绿色建筑技术，包含光伏发电、地暖，屋顶绿化、被动节能系统等。

MARBLE VILLA

大理石别墅

项目概况

建筑师的方案是按照业主的要求来设计的——将别墅设计成一整个大理石的雕塑。该建筑物主体看起来如此坚实，却又比较轻盈，看起来像是反重力地悬浮在空中，而在"大理石"体块的下方设有中央庭院，并将户外景观引入建筑内部。在建造过程中产生的大理石废料被用于景观部分，这使整个空间在视觉上呈现出强烈的关联性。

Architect: Openbox Architects
Location: Bangkok, Thailand
Area: 1 000 m²
Photographer: Wilson Tungthunya

设计者：Openbox 建筑师事务所
项目位置：泰国曼谷
项目面积：1 000 平方米
摄影师：威尔逊 · 通图尼亚

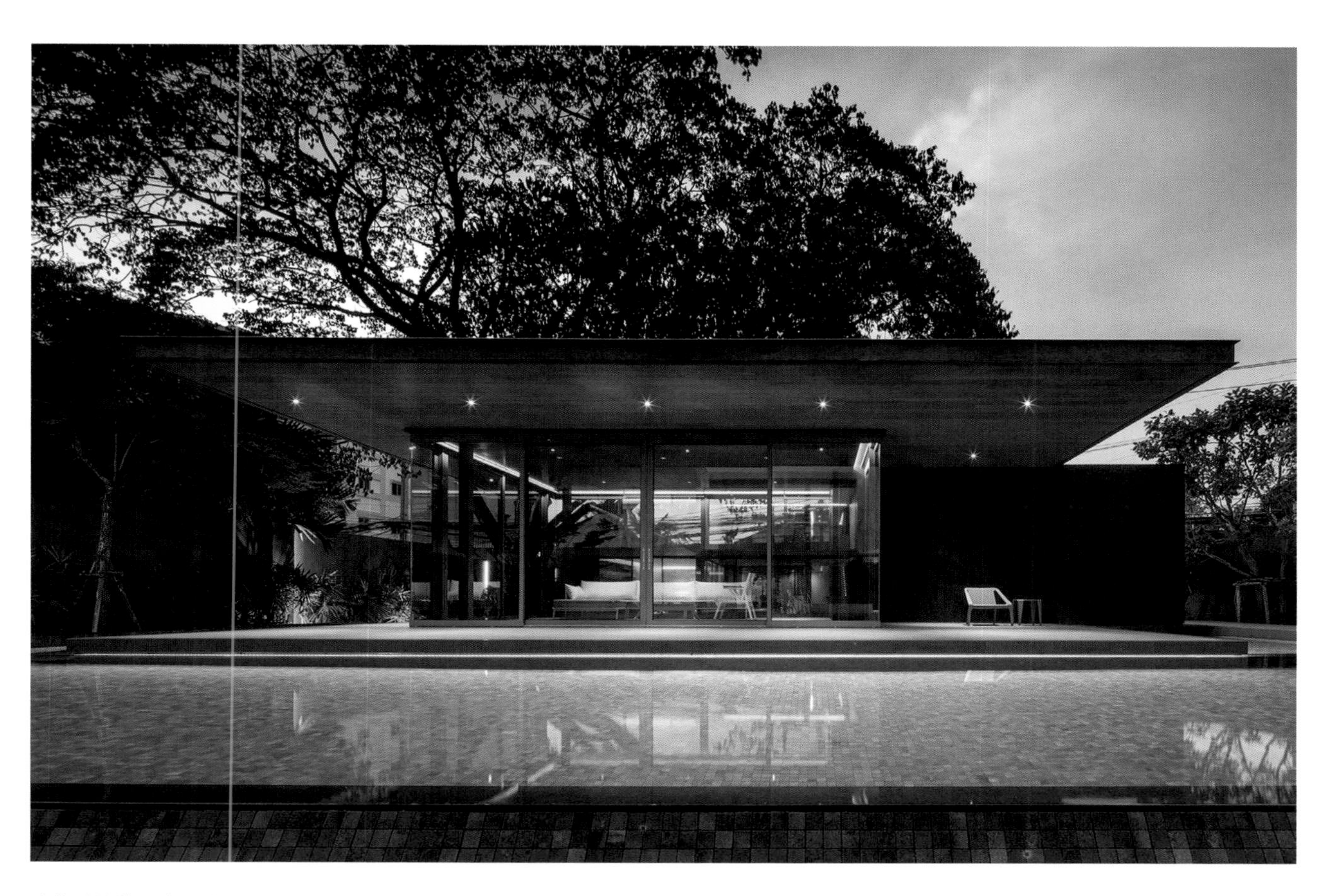

建筑独特的形式和造型是通过移动其内部平面和非线性平面挖掘出来的，“大理石块”设置在矩形场地的一端，另一端有一棵巨大的雨树，现代简约风格的凉亭衬托了雨树的形象，镜面水池与自然生长的雨树形成了对比，为庭院空间创造了令人难忘的美妙场景。

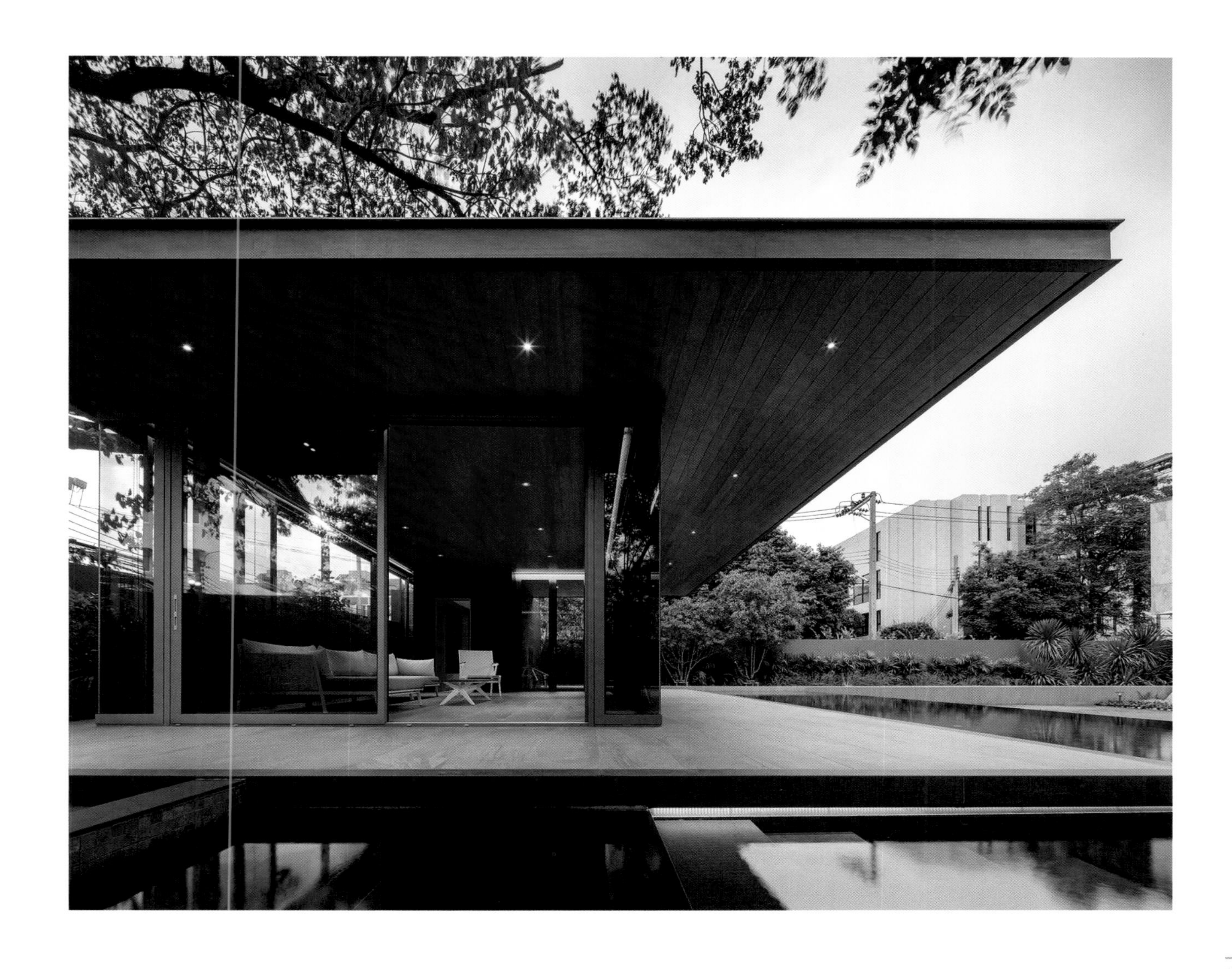

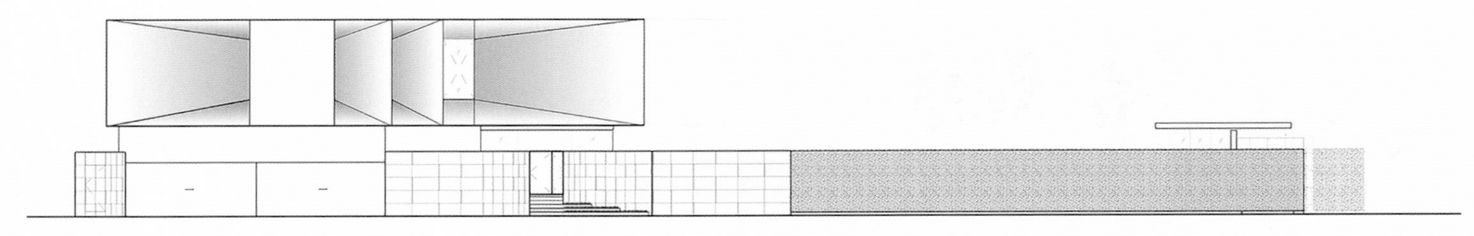

立面图 1

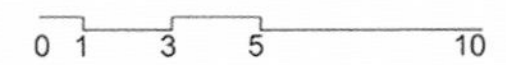

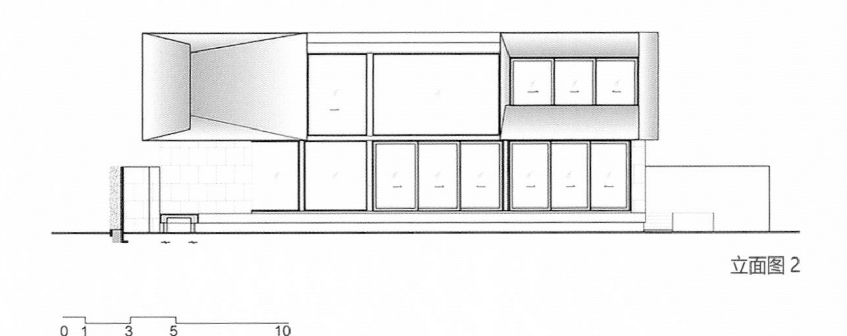

立面图 2

0 1 3 5 10

建筑与景观之间的关联无处不在。建筑总体呈方形造型，环抱着中心的开放式庭院，使自然采光和通风能到达建筑内绝大部分空间。别墅中间院子里种有竹子，随着风的摇摆可将空气送入建筑内的空间。

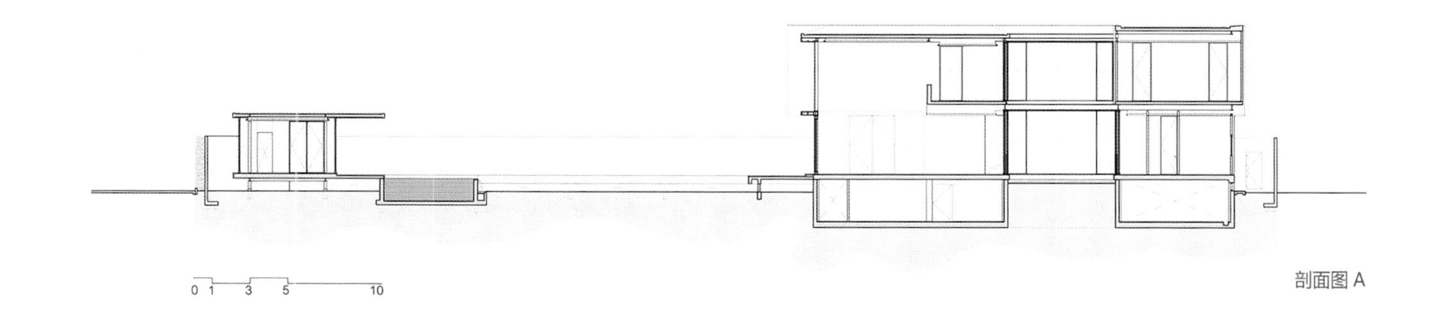

剖面图 A

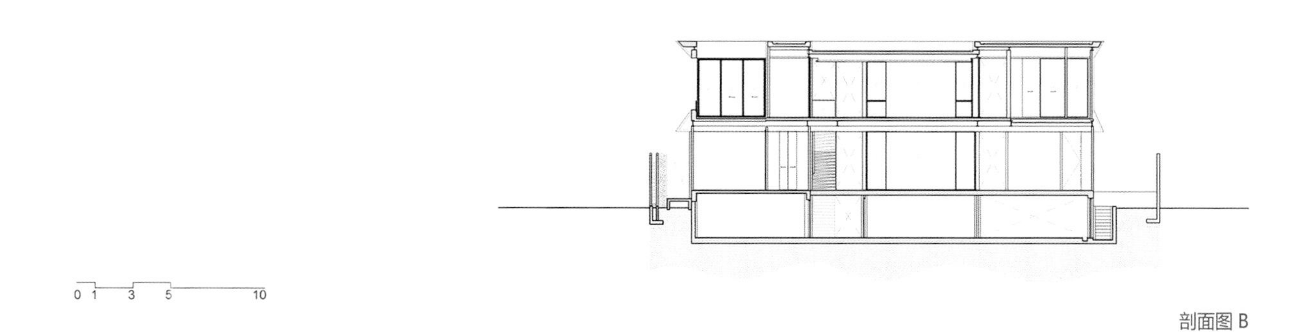

剖面图 B

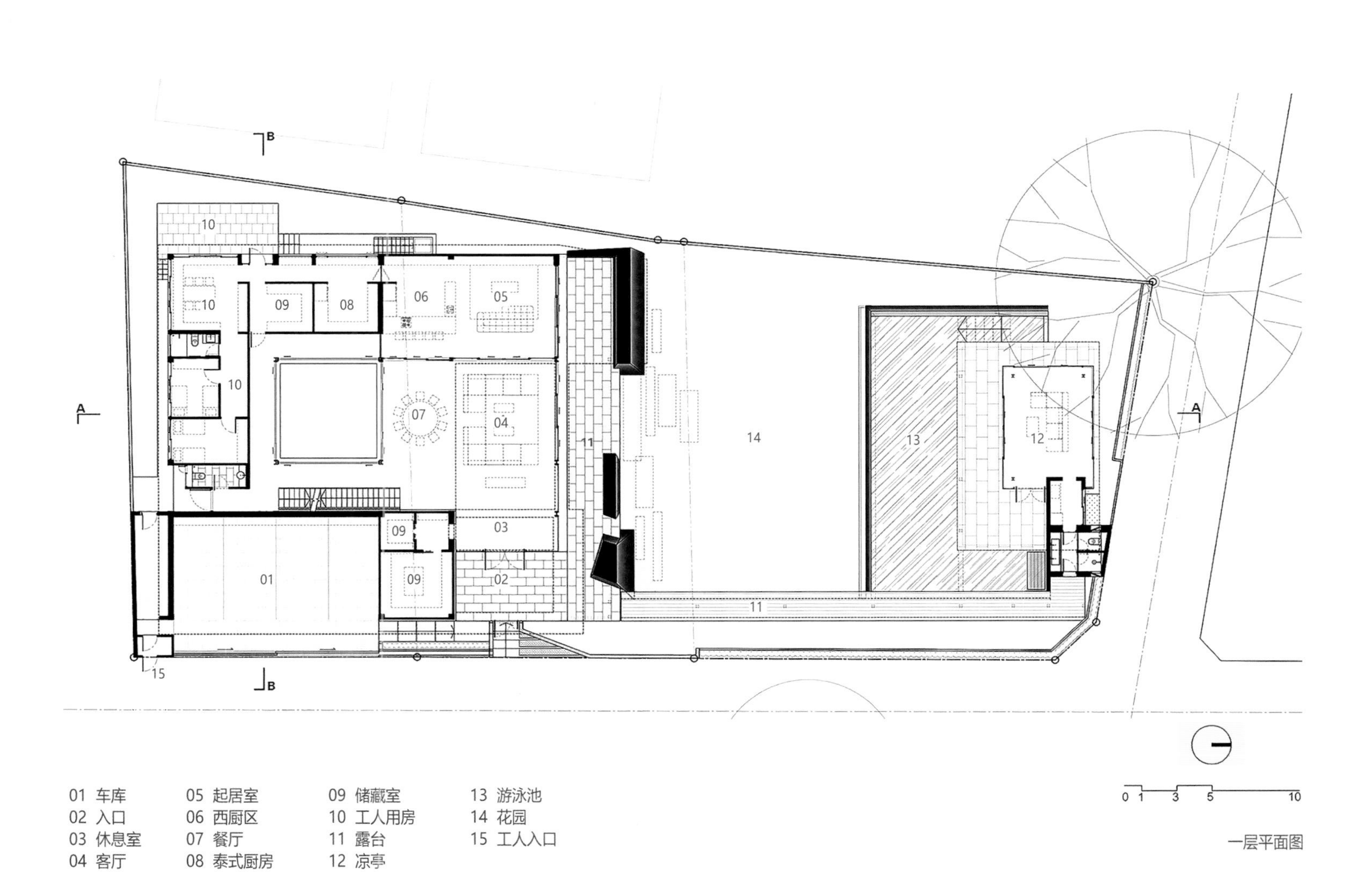

01 车库
02 入口
03 休息室
04 客厅
05 起居室
06 西厨区
07 餐厅
08 泰式厨房
09 储藏室
10 工人用房
11 露台
12 凉亭
13 游泳池
14 花园
15 工人入口

0 1 3 5 10

一层平面图

别墅外观在视觉上是非常坚固的，事实上，立面的大理石是重量较轻的大理石图案印花墙砖。砖墙表面覆盖了室外涂料，因此具有防水的功能，同时使建筑具备了遮阳和散热的功能，缓解了曼谷夏季的炎热。一部分窗被设置在邻街一侧，向周围更开阔的区域倾斜，这有助于建筑的造型，也符合业主的生活习惯。建筑材料、造型以及空间形态都是业主生活场景的体现，令建筑、景观和室内之间产生无缝衔接。

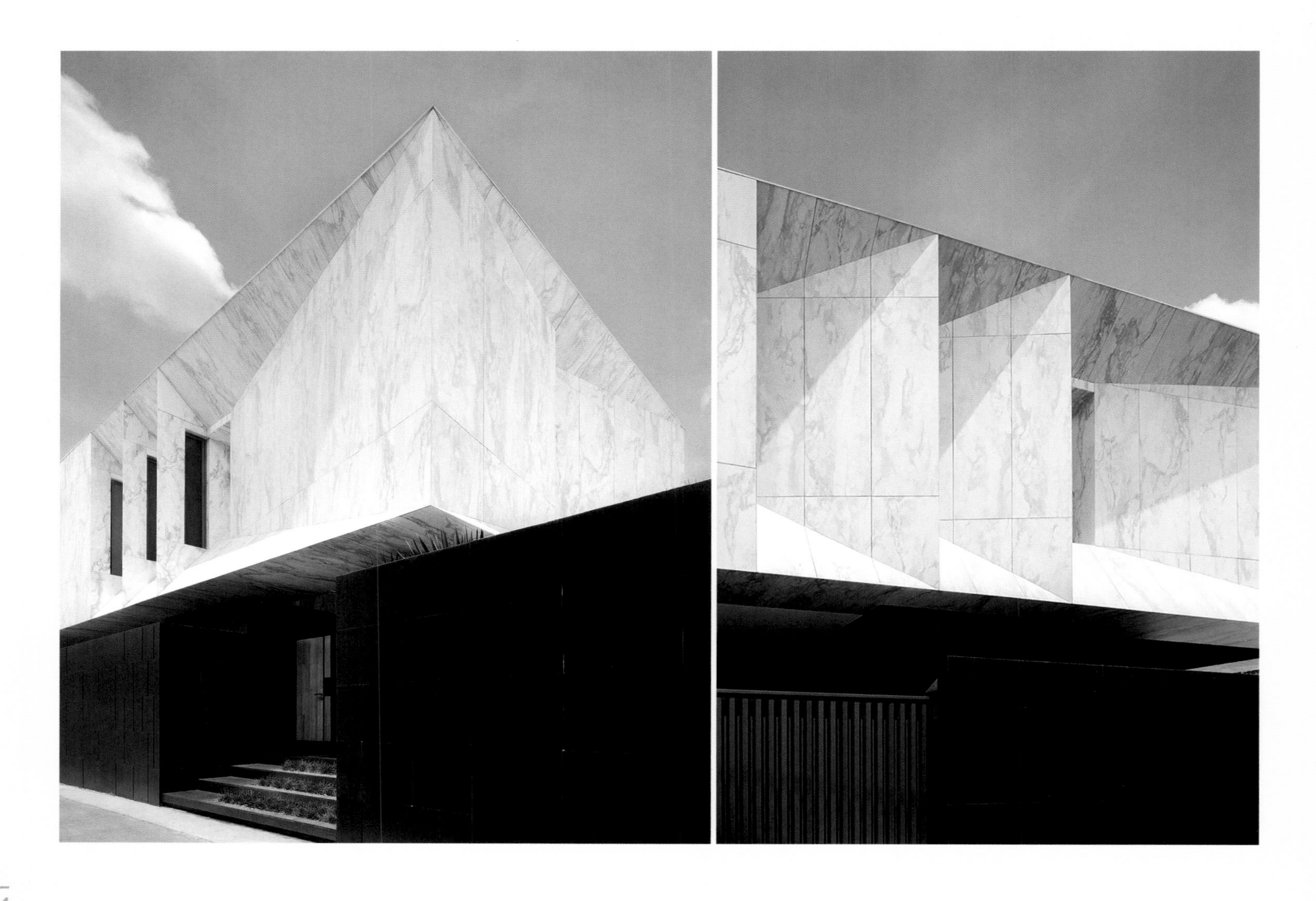

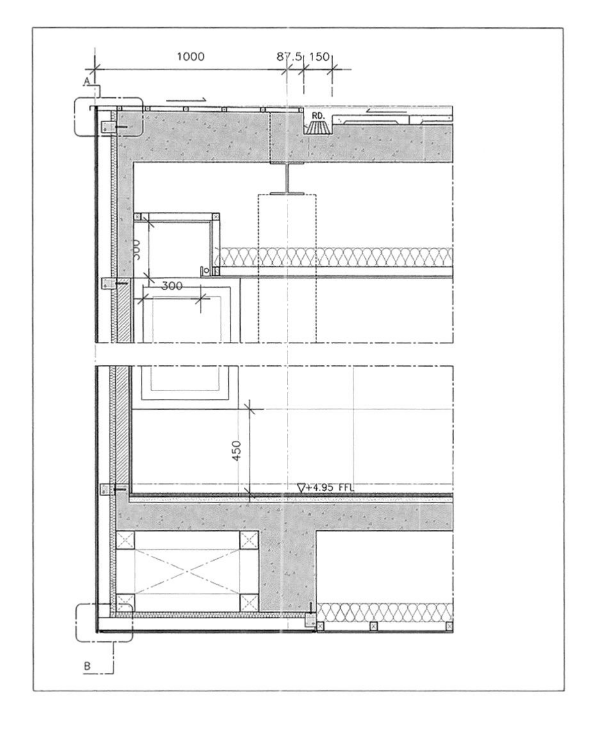
1000
87.5
150
A
RD.
300
300
450
▽+4.95 FFL
B

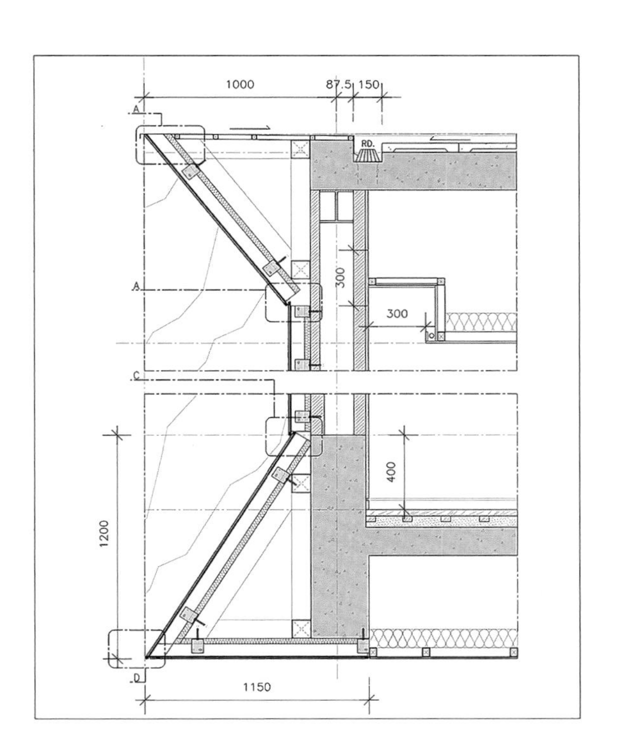
1000
87.5
150
A
RD.
300
300
C
400
1200
D
1150

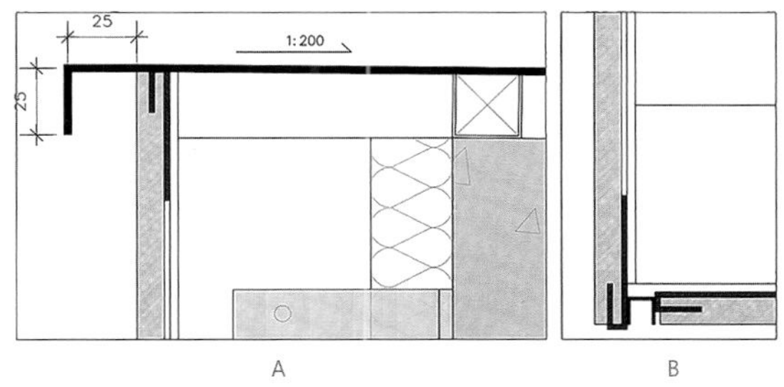
25
1:200
25
A
B

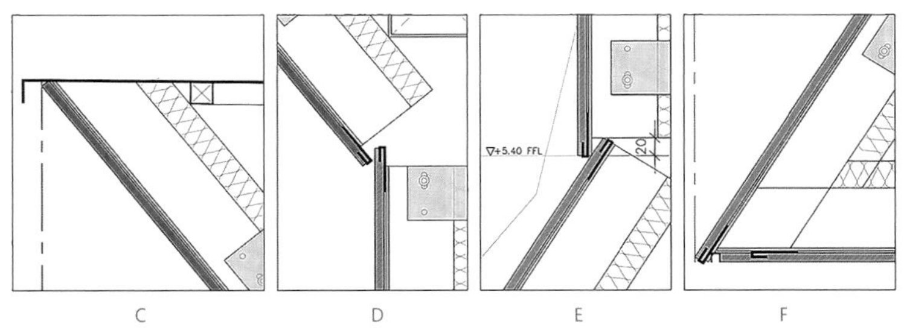
▽+5.40 FFL
20
C
D
E
F

节点图

“私人阳台”的概念对于被邻居包围的城市住宅非常实用。半封闭的阳台空间为业主创造了私密性，正如建筑师所表达的——“私密的天空”一样。即便如此，仍然可以很好地实现自然采光和通风，同时也为建筑的第五面形成了丰富的立面语言。

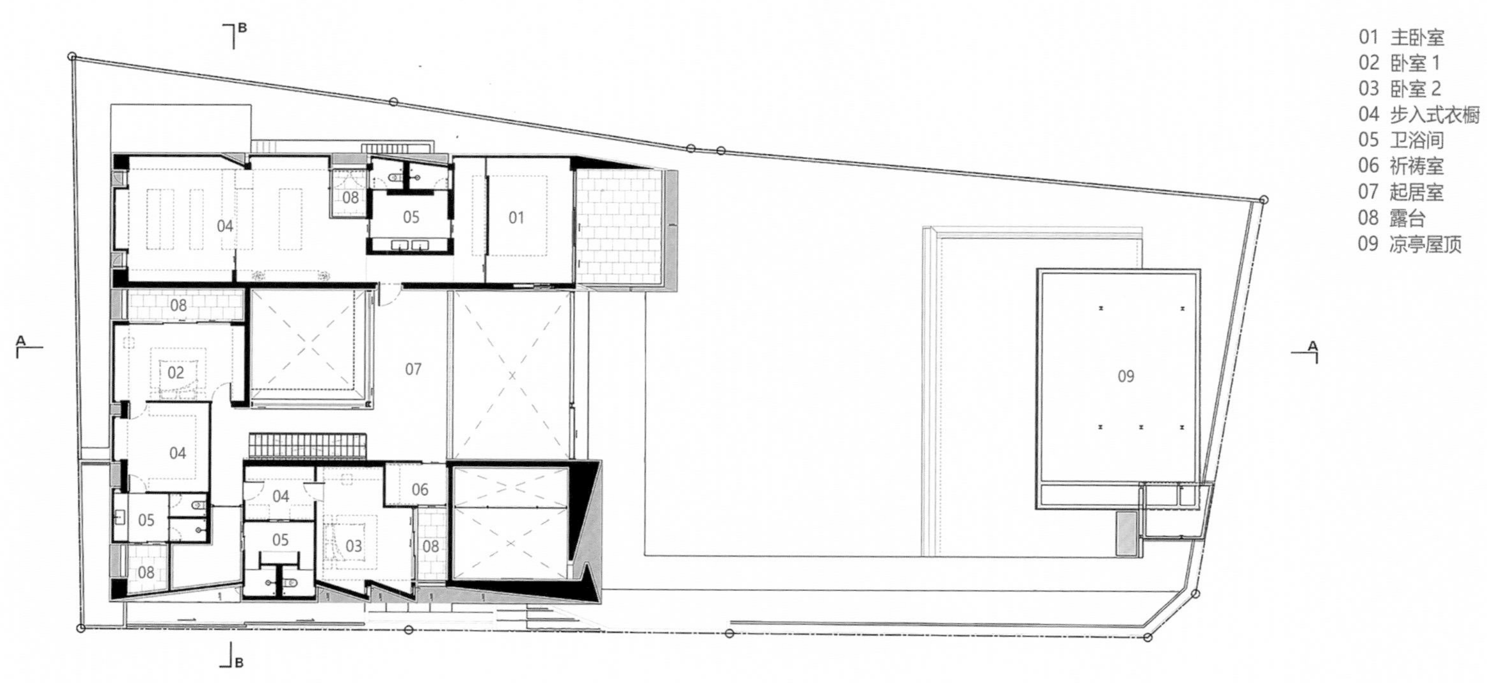
01 主卧室
02 卧室 1
03 卧室 2
04 步入式衣橱
05 卫浴间
06 祈祷室
07 起居室
08 露台
09 凉亭屋顶
0 1 3 5 10

二层平面图

01 设备房
02 机电房
03 水处理房

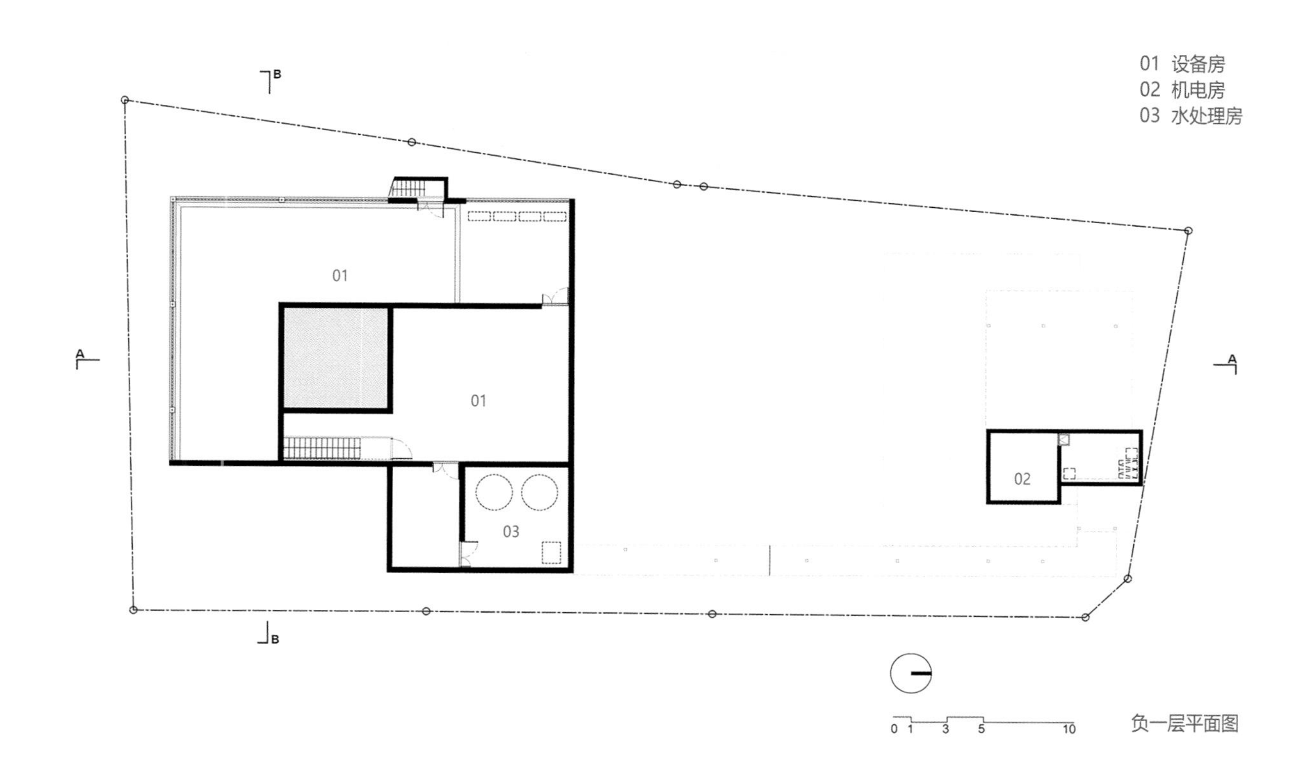

负一层平面图

01 屋顶

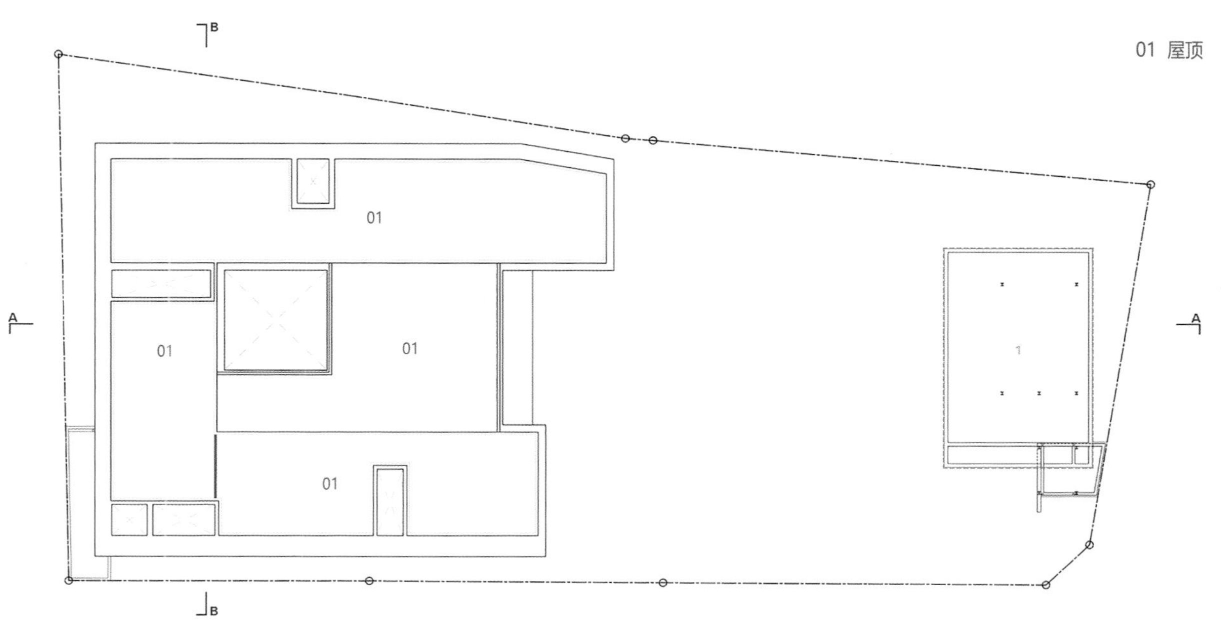

屋顶平面图

RECOGNITION 鸣谢

排名不分先后

建筑师 49 有限公司

网址：www.a49.com / 电话：66 2260 4370
电子邮箱：a49chiangmai@a49.co.th

SAOTA 建筑事务所

网址：www.saota.com / 电话：27 21-468 4400 / 电子邮箱：info@saota.com

卡普里尼和佩勒林建筑事务所

网址：www.caprinipellerin.com / 电话：33 04-9706 9494
电子邮箱：architecture@caprinipellerin.com

弗兰・西尔维斯特建筑事务所所

网址：www.fransilvestrearquitectos.com / 电话：34 963-816561
电子邮箱：china@fransilvestrearquitectos.com

Grade New York 工作室

网址：www.gradenewyork.com / 电话：212-645 9113 / 电子邮箱：info@gradenewyork.com

霍斯特建筑师事务所

网址：www.horst-architects.com/ 电话：949-494 9569 / 传真：949-494 8069

福克斯・瓦克建筑事务所

网址：www.fuchswacker.de / 电话：0711-3891 5530
电子邮箱：buero@fuchswacker.de

杰米・布什

网址：www.jamiebush.com / 电话：310-289 9667 / 电子邮箱：info@jamiebush.com

ARRCC 工作室

网址：www.arrcc.com / 电话：27 21-468 4400 / 电子邮箱：info@arrcc.com

麦格尼·卡尔曼设计公司

网址：www.magnikalman.com / 电话：1 310-623 1623
电子邮箱：info@magnikalman.com

OKHA 工作室

网址：www.okha.com / 电话：27 21 461 7233 / 电子邮箱：info@okha.com

Openbox 建筑师事务所

网址：https://openbox-group.com/ / 电话：662-026 3236
电子邮箱：openbox@openbox-group.com

约翰·马尼斯卡科建筑事务

网址：www.m-architecture.com / 电话：415-864 9900
电子邮箱：Marketing@m-architecture.com

SB 建筑师事务所

网址：http://sb-architects.com / 电话：305-856 2021
电子邮箱：media@sb-architects.com

SPF 建筑师事务所

网址：www.spfa.com / 电话：310-558 0902 / 电子邮箱：press@spfa.com

舒宾·唐纳森

网址：https://shubindonaldson.com / 电话：310-204 0688
电子邮箱：media@shubindonaldson.com

惠普尔·罗素建筑师事务所

网址：https://whipplerussell.com / 电话：323-962 5800
电子邮箱：ea@whipplerussell.com